乡村振兴·农村干部赋能丛书

U0695470

和美乡村
规划建设与管理

HEMEIXIANGCUN
GUIHUAJIANSHEYUGUANLI

陈明泉 ◉ 主编

济南出版社

图书在版编目（CIP）数据

和美乡村规划建设与管理 / 陈明泉主编 . —— 济南：
济南出版社，2024. 10. —— （乡村振兴）. —— ISBN 978
–7–5488–6568–1

Ⅰ . TU982.29

中国国家版本馆 CIP 数据核字第 20243NV686 号

和美乡村规划建设与管理

陈明泉　主编

出 版 人　谢金岭
图书策划　朱　磊
出版统筹　穆舰云
特约审读　丁爱芳
特约编辑　张韶明
责任编辑　李　媛
封面设计　王　焱

出版发行　济南出版社
地　　址　山东省济南市二环南路 1 号（250002）
编 辑 部　0531-82774073
发行电话　0531-67817923　86018273　86131701　86922073
印　　刷　济南乾丰云印刷科技有限公司
版　　次　2024 年 10 月第 1 版
印　　次　2024 年 10 月第 1 次印刷
成品尺寸　185mm×260mm　16 开
印　　张　13
字　　数　269 千
书　　号　978-7-5488-6568-1
定　　价　36.00 元

如有印装质量问题 请与出版社出版部联系调换
电话：0531-86131736

前言

　　草木茂盛、依山靠水、衣食富足、文化丰富，童年时代乡村的记忆永远在心灵深处呼唤。在都市人的眼中，乡村常与青山绿水的环境、安静闲适的生活相联系，小桥、流水、人家，一幅幅恬淡的乡村田园画卷让人心旷神怡。在我国历史上，乡村田园风光数千年来一直是被歌咏的对象，人们无不向往着"采菊东篱下，悠然见南山"的世外桃源生活。然而，在现代城市化快速发展的今天，乡村景观受到了社会经济发展变化的强烈冲击，山川、河流、湖塘、林地等自然景观和农田、牧场、园地等半自然景观都经历着不同程度的变化，这些都是需要在乡村振兴、和美乡村规划建设中统筹解决的重要问题。

　　如果美丽乡村建设是新农村建设的升级版，那么和美乡村建设则是美丽乡村建设的旗舰版，是实施乡村振兴战略的重要任务，是美丽中国建设的重要组成部分。近年来，党和国家就建设社会主义新农村、建设美丽乡村、建设宜居宜业和美乡村，提出了很多新理念、新论断。党的二十大报告提出，"全面推进乡村振兴""统筹乡村基础设施和公共服务布局，建设宜居宜业和美乡村"。这是新时代新征程对正确处理好工农城乡关系做出的重大战略部署，为全面推进乡村振兴、加快推进农业农村现代化指明了前进方向。2024年"中央一号文件"指出，加强村庄规划编制实效性、可操作性和执行约束力，强化乡村空间设计和风貌管控。开展宜居宜业和美乡村建设，是新时代党和国家对农村工作的具体部署，符合国家总体构想，符合社会发展规律，符合城乡统筹发展，符合农业农村实际，符合广大民众期盼，意义重大。

　　和美乡村建设是我们在新的形势下所面临的一个全新课题，是一个复杂的系统工程。理论体系研究和框架构建，是和美乡村建设的基础性工作。本书立足于和美乡村规划建设与管理的理论和实践两个方面，首先对和美乡村建设的内涵、意义、任务，以及与乡村振兴战略、新型城镇化建设的关系做了详细介绍，并对规划的概念与科学规划的前提进行简要概述；然后对和美乡村的设施建设规划相关问题进行梳理和分析，包括基础与公共服务设施的规划、聚落与农业景观规划等；最后在和美乡村的文化建设与传承方面进行探讨。本书论述严谨，结构合理，条理清晰，内容丰富，深入浅出，强化时代感，旨在树立农村基层干部和美乡村规划建设与管理的大局观，同时具有很强的可操作性。本书适用于农村干部学历教育、培育乡村振兴人才，也是职业院校涉农专业大学生的参考读物，同时适合广大农民群众及关心乡村振兴的各界人士了解、学习乡村社区规划与管理知识，也能为当前的和美乡村规划建设与管理相关理论的深入研究提供借鉴。

本书在编写过程中得到中共济宁市委组织部的指导和帮助，在此表示衷心感谢！由于水平和时间所限，书中难免会出现不足之处，希望各位读者和专家能够提出宝贵意见，以待进一步修改，使之更加完善。

编　者
2024 年 9 月

目　录

模块一　和美乡村建设概述

学习目标

知识目标：

理解宜居宜业和美乡村的概念，掌握建设宜居宜业和美乡村的基本内容，理解建设宜居宜业和美乡村的重大意义，熟悉建设宜居宜业和美乡村的重点任务；掌握乡村振兴战略的"五大目标"与实施措施；理解乡村振兴战略、新型城镇化建设与和美乡村建设之间的相互关系。

能力目标：

1. 联系区域实际情况，评价建设宜居宜业和美乡村取得的成绩与不足；
2. 能灵活运用所学知识，为区域规划一个和美乡村建设的理论性蓝图；
3. 学会把握国家发展大势，树立政策观念。

项目一　和美乡村建设的内涵

一、和美乡村的概念

和美乡村，即宜居宜业和美乡村，是对和美乡村建设内涵和目标的进一步丰富和拓展。从建设社会主义新农村，到建设美丽乡村，再到建设宜居宜业和美乡村，不仅是和美乡村建设的"版本升级"，更是乡村发展的"美丽蜕变"。

和美乡村，是具有良好人居环境，能满足农民物质消费需求和精神生活追求，产业、人才、文化、生态、组织全面而协调发展的农村。和，更为突出的提升是乡村文化内核及精神风貌，体现出和谐共生、和而不同、和睦相处、美美与共；美，则更侧重于建设看得见、摸得着、智能化的现代化乡村，做到基本功能完备又保留乡味乡韵，让人们记得住乡愁。

习近平总书记在党的二十大报告中提出"全面推进乡村振兴",强调"建设宜居宜业和美乡村"。这是以习近平同志为核心的党中央统筹国内国际两个大局、坚持以中国式现代化全面推进中华民族伟大复兴,对正确处理好工农城乡关系做出的重大战略部署,为新时代新征程全面推进乡村振兴、加快农业农村现代化指明了前进方向。

习近平总书记在浙江工作时亲自谋划推动"千村示范、万村整治"工程,从农村环境整治入手,由点及面、迭代升级,经过20余年的持续努力,造就了万千和美乡村,造福了万千农民群众,创造了推进乡村全面振兴的成功经验和实践范例。2024年2月3日,《中共中央、国务院关于学习运用"千村示范、万村整治"工程经验有力有效推进乡村全面振兴的意见》发布,以"中央一号文件"的形式为和美乡村建设进一步擘画了蓝图、指明了方向、明确了任务。

二、建设宜居宜业和美乡村的基本内容

建设宜居宜业和美乡村,其目标任务是全方位、多层次的,涉及农村生产、生活、生态文化等各个方面,涵盖了物质文明和精神文明建设的各个领域,既包括"物"的现代化,也包括"人"的现代化,还包括乡村治理体系、治理能力的现代化,内涵十分丰富,总体上包含以下内容。

(一)保持特色,逐步完善提高现代生活条件

当前农村生活条件已有很大改善,但离基本具备现代生活条件的要求还有一定差距。农村道路、供水、能源、通信等公共基础设施还有待健全,厕所、垃圾污水处理、村容村貌等人居环境条件还需持续改善,教育、医疗卫生、养老托幼等基本公共服务设施和水平有待提高。需要紧紧围绕逐步使农村基本具备现代生活条件这一目标,努力做好以下工作:一是农村基本生活设施不断完善。乡村水电路气信和物流等生活基础设施基本配套完备,农村住房建设质量稳步提高,生产生活便利化程度进一步提升。二是农村基本公共服务设施和水平必须全民覆盖、普惠共享,城乡一体的基本公共服务体系逐步健全,城乡基本公共服务均等化扎实推进,教育、医疗、养老等公共服务资源县乡村统筹配置、合理布局,农村基本公共服务水平不断提升。三是农村环境生态宜居。农村人居环境持续改善,卫生厕所进一步普及,生活垃圾和污水得到有效处理,农村生态环境逐步好转,绿色生产生活方式深入人心。四是乡村风貌各具特色。村庄风貌突出乡土特征、文化特质、地域特点,既个性鲜明、富有特色,又功能完备、设施完善,保留乡风乡韵、乡景乡味,留得住青山绿水、记得住浓浓乡愁。

(二)发展产业,创造更多农民就地就近就业机会

现在越来越多农民选择离土不离乡,在县域内就近就地就业。2021年农民工监测调查报告显示,有1.62亿农民工在县域内就业,占全国2.93亿农民工总数的55%,2022年占比达到57.4%,返乡就业、创业的农民数量也在逐年增加。需要全面拓宽乡村发展空间，增加县域就业容量，带动更多农民实现就地就近就业增收，努力实现以下目标：一是让乡村就业岗位更加充分。农业多种功能、乡村多元价值得到有效开发，乡村产业发展提供更多就近、稳定的就业岗位，农村劳动力稳定外出务工就业，农民生产经营能力、就业技能和质量显著提高。二是农民增收渠道更加多元化。农民增收长效机制进一步健全，农民生活水平不断提高，城乡居民收入差距逐步缩小。三是乡村发展空间更加广阔。农村营商环境显著改善，政策支持和服务保障不断强化，各类人才留乡返乡入乡就业创业，成为带动乡村发展的主力军。

（三）振兴文化，保持积极向上的文明风尚和安定祥和的社会环境

乡村既要塑形，更要铸魂；不仅要"富口袋"，更要"富脑袋"。乡村振兴不能仅盯着经济发展和物质生活改善，忽视乡村治理和农村精神文明建设。需要在加强"硬件"建设的同时，更加注重在滋润人心、德化人心、凝聚人心的"软件"上下功夫，努力实现以下目标：一是乡村治理效能显著加强。农村基层党组织进一步抓实建强，党组织领导下自治、法治、德治相结合的乡村治理体系不断健全，乡村善治水平显著提高。二是乡风文明程度明显提升。社会主义核心价值观深入人心，中华优秀传统文化繁荣发展，农村移风易俗取得扎实进展，农民精神风貌全面提振。三是农村社会保持稳定安宁。有效化解农村各类矛盾纠纷，平安乡村建设扎实推进，农村社会环境始终保持稳定。

（四）城乡统筹，各美其美，协调发展

现代化进程中城的比重上升、乡的比重下降是客观规律，但城乡将长期共生并存也是客观事实。需要强化以工补农、以城带乡，加快形成工农互促、城乡互补、协调发展、共同繁荣的新型工农城乡关系，努力做好以下工作：一是让农民在城乡之间可进可退、自由流动。农业转移人口市民化扎实推进，城市基本公共服务逐步向常住人口全覆盖，进城落户农民的土地承包经营权、宅基地使用权和集体收益分配权得到有效保护。二是城乡融合发展体制机制更加完善。城乡要素自由流动制度性通道基本打通，城乡发展差距和居民生活水平差距不断缩小，以县城为重要载体的城镇化扎实推进，县域城乡融合发展取得显著进展。

三、建设宜居宜业和美乡村的重大意义

中国共产党高度重视乡村建设，党的十六届五中全会提出"生产发展、生活宽裕、乡风文明、村容整洁、管理民主"的社会主义新农村建设目标和要求，党的十九大提出"产业兴旺、生态宜居、乡风文明、治理有效、生活富裕"的实施乡村振兴战略总要求。党的十九届五中全会提出实施乡村建设行动，强调把乡村建设摆在社会主义现代化建设的重要位置。党的二十大进一步提出"建设宜居宜业和美乡村"。这体现了党对乡村建设规律的深刻把握，充分反映了亿万农民对建设美丽家园、过上美好生活的

愿景和期盼。新时代新征程，推进乡村全面振兴，建设宜居宜业和美乡村，具有深远的历史意义和重大的现实意义。

（一）建设宜居宜业和美乡村是全面建设社会主义现代化国家的重要内容

习近平总书记强调，全面建设社会主义现代化国家，实现中华民族伟大复兴，最艰巨最繁重的任务依然在农村，最广泛最深厚的基础依然在农村。当前的农村，与快速推进的工业化、城镇化相比，农业农村发展步伐还不够快，城乡发展不平衡、乡村发展不充分仍是社会主要矛盾的集中体现。实施乡村振兴战略，是关系全面建设社会主义现代化国家的全局性、历史性任务。新时代新征程，要做好全面推进乡村振兴这篇大文章，补齐"三农"短板，夯实"三农"基础，促进农业全面升级、农村全面进步、农民全面发展，建设宜居宜业和美乡村。

（二）建设宜居宜业和美乡村是让农民就地过上现代生活的迫切需要

习近平总书记强调，要牢记亿万农民对革命、建设、改革做出的巨大贡献，把乡村建设好，让亿万农民有更多获得感。进入新时代以来，农村生产生活条件已有很大改善，乡村面貌发生焕然一新的变化。农村不是凋敝落后的代名词，完全可以与城镇一样，建设成为现代生活的重要承载地。2023年，我国乡村常住人口4.77亿人，城镇化率为66.16%，未来即便是城镇化率达到70%以上，还将有数亿人生活在农村，他们与城镇居民一样，也向往在居住地就能过上现代生活。要满足农民群众对美好生活的向往，必须坚持不懈地推进宜居宜业和美乡村建设，持续提高农村生活质量、缩小城乡发展差距，努力将农村打造成农民就地过上现代生活的幸福家园。

（三）建设宜居宜业和美乡村是焕发乡村文明新气象的内在要求

习近平总书记强调，农村是我国传统文明的发源地，乡土文化的根不能断，农村不能成为荒芜的农村、留守的农村、记忆中的故园。农村优秀传统文化是我国农耕文明曾长期领先于世界的重要基因密码，也是新时代提振农村精气神的宝贵精神财富。在城镇化和市场经济的冲击下，一些优秀传统乡土文化逐渐衰落凋零，一些各具特色的传统村落正在加速消失，农村高价彩礼、人情攀比、封建迷信、厚葬薄养、铺张浪费等陈规陋习亟待纠正治理。推进宜居宜业和美乡村建设，必须坚持物质文明和精神文明一起抓，把我国优秀农耕文化遗产和现代文明要素结合起来，赋予新的时代内涵，让我国历史悠久的农耕文明在新时代展现其魅力和风采，进一步改善农民精神风貌，提高乡村社会文明程度。

四、建设宜居宜业和美乡村的重点任务

党的二十大报告对建设宜居宜业和美乡村进行了全面部署，提出了明确要求。要从政治高度和全局高度，抓紧抓好重点任务落实落地，推动宜居宜业和美乡村不断取得新进展新成效。

（一）构建现代乡村产业体系

产业是发展的根基。乡村"五大振兴"，产业振兴是第一位的。只有产业兴旺了，才能让农业经营有效益、成为有奔头的产业，才能让农民增收致富、成为有吸引力的职业，才能让农村留得住人、成为安居乐业的美丽家园。

1. 做大做强种植养殖业

种养业是乡村产业的基础，也是保障粮食等重要农产品供应的任务所在。一方面，大力发展"农户＋家庭农场＋合作社＋公司"，促进小农户之间、小农户与新型经营主体之间开展合作与联合，发展加工流通和其他新产业新业态，提升小农户生产经营能力和组织化程度，实现小农户与现代农业发展有机衔接。另一方面，继续积极发展"公司＋合作社＋家庭农场＋农户"，支持龙头企业与家庭农场和农户建立起紧密型利益联结机制，提升农业经营集约化、标准化、绿色化、特色化、智能化发展水平。

2. 始终绷紧粮食安全这根弦

巩固提升粮食产能，守住国家粮食安全底线。习近平总书记一再强调，中国人的饭碗必须牢牢端在自己手里，我们的饭碗里应该主要装中国粮。要大力推进农业强国建设，全面落实好藏粮于地、藏粮于技战略，不断提高粮食和重要农产品供给保障水平。

3. 促进农村一二三产业融合发展

依托农业农村资源，发展乡村二三产业，延长产业链、提升价值链，推动乡村产业发展向深度和广度进军，提高质量效益和市场竞争力。

4. 树立带动农民就业、促进农民增收的发展导向

完善联农带农机制，大力发展农业社会化服务，提升农民专业合作社规范化水平，通过服务赋能、组织赋能，增强农民自我发展能力；鼓励涉农企业与农户在产业链上优势互补、分工合作，让农户成为现代产业链供应链的重要主体，参与产业发展，共享增值收益，更好发挥乡村特色产业带就业促增收作用。

5. 立足整个县域统筹规划产业发展

充分发挥各类产业园区带动作用，科学布局生产、加工、销售、消费等环节，把产业增值环节更多留在农村、增值收益更多留给农民。

6. 要完善联农带农机制

正确把握工商资本在发展乡村产业中的作用定位，设置好"红绿灯"，加强全过程监管，引导工商资本发挥自身优势，形成与农户产业链上优势互补、分工合作的格局，带动农民致富增收。

（二）巩固拓展脱贫攻坚成果

巩固脱贫攻坚成果是乡村振兴的前提，不仅要巩固下来，还要有进一步的发展，

让脱贫群众的生活更上一层楼。

1. 牢牢守住不发生规模性返贫的底线

强化防止返贫监测帮扶机制落实，及时发现、及时预警、及时干预，把风险消除在萌芽状态，防止出现整村整乡返贫，切实维护和巩固脱贫攻坚战的伟大成就。

2. 更多依靠发展来巩固拓展脱贫攻坚成果

把增加脱贫群众收入作为根本措施，把促进脱贫县加快发展作为主攻方向，统筹整合各类资源补短板、促发展，确保兜底保障水平稳步提高，确保"三保障"和饮水安全水平持续巩固提升，不断缩小收入差距、发展差距。

3. 健全农村低收入人口和欠发达地区常态化长效化帮扶机制

健全完善农村社会保障制度，强化救助资源整合，实施分层分类帮扶救助，筑牢兜底保障网，提高农村低收入人口抗风险能力。加大对乡村振兴重点帮扶县等欠发达地区支持力度，健全支持政策体系，形成相互促进、优势互补、共同发展的区域发展新格局。

（三）扎实稳妥实施乡村建设行动

以满足农民群众美好生活需要为引领，重点加强普惠性、基础性、兜底性民生建设。

1. 推进农村基础设施现代化建设

继续把公共基础设施建设的重点放在农村，统筹推进城乡基础设施规划建设，扎实推进农村道路、供水保障、清洁能源、农产品仓储保鲜和冷链物流、防汛抗旱、数字乡村等设施建设，优先安排既方便生活又促进生产的建设项目。

2. 坚持不懈改善农村人居环境

因地制宜推进农村改厕、生活垃圾处理和生活污水治理，深入推进村庄绿化美化亮化。立足乡土特征、地域特点和民族特色提升村庄风貌，注重保护传统村落和特色民居，传承好历史记忆，把挖掘原生态村居风貌和引入现代元素结合起来，打造各具特色的现代版"富春山居图"，防止机械照搬城镇建设模式，搞得城不像城、村不像村。

3. 促进农村基本公共服务提质增效

加快填平补齐农村教育、医疗卫生、社会保障、养老托育等基本公共服务短板，不断提高服务能力和服务水平。

4. 适应农村人口结构和社会形态变化

加大县乡村公共服务资源投入和统筹配置力度，推动形成县乡村功能衔接互补、分级解决不同问题的一体化发展格局，促进县域内基本公共服务体系持续健康发展。

5. 解决"有新房没新村、有新村没新貌、有新貌无特色"问题

在规划编制时，要从实际出发。乡村建筑风貌定位不宜过高，在规划理念上要实现由"城市设计"向"乡村设计"的转换，实现花小钱、办大事目标，让"老村"焕发出新活力。探索乡村规划建设制度改革，为乡村编制规划，让广大村民参与，建立村规民约、推行奖励机制。强化乡村生态环境治理，因地制宜搞建设，不得盲目另起炉灶搞新村建设，更不能违背农民意愿搞大规模村庄撤并、赶农民上楼。

（四）加强和改进乡村治理

乡村治理事关党在农村的执政根基和农村社会稳定安宁。必须以保障和改善农村民生为优先方向，树立系统治理、依法治理、综合治理、源头治理的理念，不断提高乡村治理体系和治理能力现代化水平。

1. 发挥农村基层党组织在乡村治理中的领导作用

坚定不移地加强农村基层党组织建设，全面提升农村基层党组织的组织力、凝聚力和战斗力。旗帜鲜明地坚持和加强基层党组织对各类乡村组织的领导，健全党组织领导的乡村治理体系，派强用好驻村第一书记和工作队，把群众紧密团结在党的周围。

2. 健全县乡村三级治理体系功能

牢固树立大抓基层的工作导向，推动治理重心下移、资源下沉。发挥县级在乡村治理中领导指挥和统筹协调作用，强化县级党委抓乡促村职责。整合乡镇审批、服务、执法等各方面力量，提高为农服务能力。

3. 充分发挥村级组织基础作用

农村基层党组织是农村的领导核心，这种领导核心作用，有利于保证党的路线、方针、政策在农村的贯彻执行，有利于重大问题的科学决策，有利于协调和处理各方面的利益和矛盾，有利于对农村各项工作实行统一领导，保证农村经济平稳较快发展和社会和谐稳定，也能更有效增强村级组织联系群众、服务群众的能力。

4. 创新乡村治理方式方法

综合运用传统治理资源和现代治理手段，推广应用积分制、清单制、数字化等治理方式，推行乡村网格化管理、数字化赋能、精细化服务。

（五）加强农村精神文明建设

农村精神文明建设较于城市相对滞后，主要在于适应农民群众特点的载体平台少。要创新农村精神文明建设的工作方法。积极探索统筹推进城乡精神文明融合发展的具体方式，大力弘扬和践行社会主义核心价值观，加强农民思想教育和引导，有效发挥村规民约、家教家风作用，培育文明乡风、良好家风、淳朴民风。要加强农村公共文化阵地建设。结合农村受众和对象，增加更多具有农趣农味、充满正能量、形式多样接地气、深受农民欢迎的文化产品供给。要深入推动农村移风易俗。明确顶层设计和

系统谋划，找准实际推动的具体抓手和载体，划清传统礼俗和陈规陋习的界限，旗帜鲜明地反对天价彩礼、反对铺张浪费、反对婚丧大操大办、抵制封建迷信，引导农民群众改变陈规陋习、树立文明新风。

（六）加快县域城乡融合发展

与大中城市相比，在县域范围内打破城乡分割格局，率先实现城乡融合发展，成本更低、更具现实可行性。

1. 推动形成县乡村统筹发展的格局

赋予县级更多资源整合使用的自主权，加大县乡村统筹发展力度，强化产业、基础设施、公共服务等县域内统筹布局，持续推进县域内城乡要素配置合理化、城乡公共服务均等化、城乡产业发展融合化。

2. 加快建立健全城乡融合发展体制机制和政策体系

加强统筹谋划和顶层设计，推动在县域内基本实现城乡一体的就业、教育、医疗、养老、住房等政策体系，逐步在县域内打破城乡的界限，淡化市民农民概念，推动形成农民在工农之间自主选择、自由转换，在城乡之间双向流动、进退有据的生产生活形态，把县域打造成连接工农、融合城乡的重要纽带。

（七）健全宜居宜业和美乡村建设推进机制

建设宜居宜业和美乡村是一项长期任务、系统工程，必须稳扎稳打、久久为功，一年接着一年干、一件接着一件抓，不可一蹴而就、急于求成。

1. 坚持乡村建设为农民

坚持数量服从质量、进度服从实效，求好不求快，真正把好事办好、实事办实，让农民群众在全面推进乡村振兴中有更多获得感、幸福感、安全感。要建立健全自下而上、村民自治、农民参与的实施机制。充分发挥农民主体作用、更好发挥政府作用，政府要切实提供好基本公共服务，做好规划引导、政策支持、公共设施建设等，农民应该干的事、能干的事就交给农民去干，健全农民参与规划建设和运行管护的机制。

2. 切实加强和改进工作作风

我国农村地域辽阔，各地情况千差万别、社会风俗习惯不同，再加上农村工作直接为农民服务，随时接受农民检验，来不得半点虚假。必须从实际出发，求真务实、尊重规律，紧密结合实际谋划和推进，坚决防止和反对各种形式主义、官僚主义，坚定维护农民物质利益和民主权利，以优良作风全面推进乡村振兴。

建设宜居宜业和美乡村意义重大、任务艰巨。需要进一步强化做好新时代新征程"三农"工作的使命感、责任感、紧迫感，真抓实干、埋头苦干，奋力开创推进乡村全面振兴新局面，为全面建设社会主义现代化国家、实现中华民族伟大复兴做出新的历史贡献。

项目二　乡村振兴战略与和美乡村建设

一、乡村振兴战略

（一）乡村振兴战略的提出

乡村振兴战略是习近平总书记于 2017 年 10 月 18 日在党的十九大报告中提出的。十九大报告指出，农业农村农民问题是关系国计民生的根本性问题，必须始终把解决好"三农"问题作为全党工作的重中之重，实施乡村振兴战略。

2018 年 9 月，中共中央、国务院印发了《乡村振兴战略规划（2018～2022 年)》，并发出通知，要求各地区各部门结合实际认真贯彻落实。

（二）乡村振兴战略的实施原则

实施乡村振兴战略，要坚持党管农村工作，坚持农业农村优先发展，坚持农民主体地位，坚持乡村全面振兴，坚持城乡融合发展，坚持人与自然和谐共生，坚持因地制宜、循序渐进。巩固和完善农村基本经营制度，保持土地承包关系稳定并长久不变，第二轮土地承包到期后再延长 30 年。确保国家粮食安全，把中国人的饭碗牢牢端在自己手中。加强农村基层基础工作，培养造就一支懂农业、爱农村、爱农民的"三农"工作队伍。

（三）乡村振兴战略的实施意义

实施乡村振兴战略，是解决新时代我国社会主要矛盾、实现第二个百年奋斗目标和中华民族伟大复兴中国梦的必然要求，具有重大现实意义和深远历史意义。实施乡村振兴战略是建设现代化经济体系的重要基础，是建设美丽中国的关键举措，是传承中华优秀传统文化的有效途径，是健全现代社会治理格局的固本之策，是实现全体人民共同富裕的必然选择。

（四）乡村振兴战略的实施关键

中国共产党是领导我们事业发展的核心，毫不动摇地坚持和加强党对农村工作的领导，确保党在农村工作中始终总揽全局、协调各方，为乡村振兴提供坚强有力的政治保障，是乡村振兴战略成功的关键。

（五）乡村振兴战略的实施时间

实施乡村振兴战略"三步走"时间表。按照党的十九大提出的决胜全面建成小康社会、分两个阶段实现第二个百年奋斗目标的战略安排，中央农村工作会议明确了实施乡村振兴战略的目标任务：一是到 2020 年，乡村振兴取得重要进展，以建立各级"乡村振兴局（厅）"和实施《中华人民共和国乡村振兴促进法》（以下简称《乡村振兴促进法》）等为代表的制度框架和政策体系基本形成；二是到 2035 年，乡村振兴"五大目标"取得决定性进展，农业农村现代化基本实现；三是到 2050 年，乡村全面振兴，农业强、农村美、农民富全面实现。

（六）乡村振兴战略的实施模式

首先是乡村振兴社员网模式。社员网同各大县域合作，以"互联网＋精准扶贫＋农产品上行"为切入点，通过对接农产品上行促进种植大户、家庭农场、合作社等新型农业经营主体发展。其次，在农产品上行中特别注重突出区域品牌，延长产业链条，拓展农资、加工、物流等多种社会化服务业务。再次，与各大县域合作，以"基层组织＋互联网＋龙头企业＋农户＋三产融合"为切入点，依托社员网业内领先的农产品电商和农业大数据为农民卖货提供交易平台。最后，通过在田间地头布控大宗农产品上行团队，衔接线上供需信息精准匹配之后的服务环节，全程调度验货、集货、收货、分级、装卸、配车等一站式服务。

（七）乡村振兴战略的实现路径

中国特色社会主义乡村振兴道路怎么走？2017 年召开的中央农村工作会议提出了七条"之路"：一是重塑城乡关系，走城乡融合发展之路；二是巩固和完善农村基本经营制度，走共同富裕之路；三是深化农业供给侧结构性改革，走质量兴农之路；四是坚持人与自然和谐共生，走乡村绿色发展之路；五是传承发展提升农耕文明，走乡村文化兴盛之路；六是创新乡村治理体系，走乡村善治之路；七是巩固脱贫攻坚成果，走全面小康之路。

二、落实乡村振兴战略的具体措施

产业振兴是乡村振兴的物质基础，需要建设绿色安全、优质高效的乡村产业体系。人才振兴是乡村振兴的关键因素，需要构建满足乡村振兴需要的人才体系。文化振兴是乡村振兴的精神基础，必须夯实这个精神基础。生态振兴是乡村振兴的重要支撑，建设新时代的宜居宜业和美乡村，要实现农业农村绿色发展，打造山清水秀的田园风光，建设生态宜居的人居环境。组织振兴是乡村振兴的保障条件，必须构建新时代乡村治理体系。

三、实施乡村振兴战略的具体要求

（一）城乡融合发展之路——重塑城乡关系

重塑城乡关系，必须走城乡融合发展之路。要把公共基础设施建设的重点放在农村，逐步建立健全全民覆盖、普惠共享、城乡一体的基本公共服务体系；要坚决破除体制机制弊端，疏通资本、智力、技术、管理下乡渠道，加快形成工农互促、城乡互补、全面融合、共同繁荣的新型工农城乡关系。

（二）质量兴农之路——深化农业供给侧结构性改革

实施乡村振兴战略，必须深化农业供给侧结构性改革，走质量兴农之路。要顺应农业发展主要矛盾变化，推进农业供给侧结构性改革，加快推进农业由增产导向转向提质导向，加快实现由农业大国向农业强国转变；要推进农村一二三产业融合发展，让农村新产业新业态成为农民增收新亮点、城镇居民休憩新去处、农耕文明传承新载体。

（三）乡村绿色发展之路——坚持人与自然和谐共生

实施乡村振兴战略，必须坚持人与自然和谐共生，走乡村绿色发展之路。要以绿色发展引领生态振兴，处理好经济发展和生态环境保护的关系，守住生态红线；要统筹山水林田湖草系统治理，加强农村突出环境问题综合治理，建立市场化多元化生态补偿机制，增加农业生态产品和服务供给。

（四）乡村文化兴盛之路——传承发展提升农耕文明

实施乡村振兴战略，要传承发展提升农耕文明，走乡村文化兴盛之路。要深入挖掘、继承、创新优秀传统乡土文化，把保护传承和开发利用有机结合起来，让优秀传统农耕文明在新时代展现其魅力和风采。在乡村的环境上，要加大整治力度，打造宜居宜人的农村生活环境。在一二三产业融合上，利用农村特有的优势，打造生态产业，打造集循环农业、创意农业、农事体验于一体的田园综合体，打造乡村休闲旅游产业等。

（五）乡村善治之路——创新乡村治理体系

实施乡村振兴战略，要创新乡村治理体系，走乡村善治之路。要建立健全党委领导、政府负责、社会协同、公众参与、法治保障、科技支撑的现代乡村社会治理体制，健全党组织领导的自治、法治、德治相结合的乡村治理体系；要造就一支懂农业、爱农村、爱农民的"三农"工作队伍。

（六）中国特色减贫之路——巩固脱贫攻坚成果

实施乡村振兴战略，要巩固脱贫攻坚成果。突出抓好产业和就业帮扶，以全党全社会的支持帮扶激发脱贫群众的动力，使他们通过自己的双手勤劳致富。放眼未来，要在经济社会发展的大棋局下、在带动农民增收的大视角下，审视脱贫地区和脱贫群众发展的潜力。要用好市场手段，通过产业拉动、就业带动、改革促动，拓宽脱贫群众增收渠道。

（七）共同富裕之路——巩固和完善农村基本经营制度

实施乡村振兴战略，必须巩固和完善农村基本经营制度，走共同富裕之路。要坚持农村土地集体所有，坚持家庭经营基础性地位，落实农村土地承包关系稳定并长久不变政策，衔接落实好第二轮土地承包到期后再延长 30 年的政策，让农民吃上"定心丸"。

四、乡村生态振兴与建设和美乡村的关系

实施乡村振兴战略，要坚持人与自然和谐共生，树立和践行"绿水青山就是金山银山"的理念，坚持节约优先、保护优先、自然恢复为主的方针，统筹山水林田湖草系统治理，严守生态保护红线，以绿色发展引领乡村振兴。推进乡村生态振兴，必须以习近平生态文明思想为指导，防治农业生产和农村生活污染，综合整治乡村环境。通过建设"让居民望得见山，看得见水，记得住乡愁"的生态宜居和美乡村，助推乡村振兴，为老百姓留住鸟语花香田园风光，谱写和美乡村建设新篇章。

（一）乡村振兴战略下和美乡村建设的新内涵

党的十九大报告明确提出建设现代化经济体系，并首次将实施乡村振兴战略作为现代化经济体系的有机组成部分，这为农业农村现代化发展指明了方向和路径。统筹推进农村经济建设、政治建设、文化建设、社会建设、生态文明建设和党的建设，走中国特色社会主义乡村振兴道路。和美乡村在乡村振兴战略指引下，有了宜居宜业的新要求，有了治理有效的新风貌，有了乡风文明与生活富裕的新高度。

（二）乡村振兴战略下和美乡村建设的新路径

2013 年习近平总书记指出，建设和美乡村是要造福，不是涂脂抹粉。和美乡村建设更要找到其重点难点、着力点和突破口，走出新路径。同社会主义新农村建设相比，乡村振兴战略的内容更加充实，逻辑递进关系更加清晰，为在新时代实现农业全面升级、农村全面进步、农民全面发展指明了道路。

由生产发展到产业兴旺。建设和美乡村，产业兴旺是重点，是农民就地就近就业的新保障。

由村容整洁到生态宜居。生态宜居，体现的是人与自然和谐共处共生。

由乡风文明到乡风文明。乡风文明是建设社会主义新农村的灵魂，是乡村振兴的重要推动力量和软件基础，是和美乡村建设的重要保障。

由管理民主到治理有效。和美乡村实现治理有效的重要前提就是保证形成自治、法治、德治相结合的乡村治理体系。

由生活宽裕到生活富裕。乡村振兴，生活富裕是根本。

（三）乡村振兴战略下和美乡村建设的新意义

中国要强，农村必须强，和美乡村是乡村振兴战略的重要路径。乡村振兴战略是

高层次、指导性理念，和美乡村是可操作性、具体的实施举措。建设和美乡村，要将观念更新到乡村振兴战略上，注重乡村的产业和生态发展，将农耕文明的精华和现代文明的精华有机结合，把传统村落、自然风貌、文化保护和生态宜居诸多因素有机结合在一起，让农民加入现代农业发展行列。

（四）乡村振兴战略下和美乡村建设的好经验

乡村振兴战略提出后，浙江省作为全国和美乡村建设的标杆，率先推出了一系列好经验、好做法。浙江全省各地坚持"绿水青山就是金山银山"重要思想，不断提升和美乡村建设整体水平。

在产业上，从建设和美乡村向经营和美乡村转变，大力推进"美丽成果"向"美丽经济"转化，把美丽转化为生产力，确保就近就业，增强和美乡村建设的持久动力。

在生态上，通过全省统一规划，打造"一户一处景、一村一幅画、一线一风景、一县一品牌"的大美格局。

在文明上，弘扬农村文明乡风，力争打造以文化为魂的人文和美乡村。

在治理上，大力推进城乡综合配套改革，乡村生活污水经无害化处理达标后排放，垃圾集中分类处理，畜禽生态绿色养殖，多措并举，不断激发和美乡村建设的新活力。

在生活上，通过发展美丽经济、现代高效农业和乡村旅游等行之有效的途径，给农民生活带来富裕，打造新时代宜居宜业和美乡村。

五、乡村振兴战略与和美乡村建设之间的内在联系

（一）乡村振兴战略与和美乡村建设一脉相承

乡村振兴战略与和美乡村建设都是解决"三农"问题的基本策略，是促进"三农"发展的基本架构。对于和美乡村建设来说，相应概念来源于2003年浙江"千村示范、万村整治"行动，并在2013年于全国范围内推广落实；对于乡村振兴战略来说，其主要针对乡村发展问题与薄弱环节提出解决办法，符合农村群众的现实期望。和美乡村与乡村振兴战略处于同根同源的地位，在乡村振兴发展战略的支持与指引下，"三农"发展架构已经逐步成熟，也必将随着时代发展不断注入新内涵。

（二）乡村振兴战略与和美乡村建设均具有时代性特点

二者均着重贴合社会发展实际情况与现实需要。需要注意的是，对于和美乡村建设来说，"和与美"都是没有尽头的，但是目标却具有一定的时代性。具体而言，必须长时间推行和美乡村建设，并结合农村地区现实发展情况与建设需求，对和美乡村建设的目标、路径、主要内容等实施更新调整。

（三）乡村振兴战略与和美乡村建设相互补充、互为搭配

总体来看，乡村振兴属于战略层面的部署，而和美乡村建设则为措施层面的内容。在乡村振兴战略的指引下，能够生成更具体的政策内容及举措方案，驱动着和美乡村

建设内容进一步丰富，最终达到推动和美乡村建设升级的效果。无论是对于乡村振兴战略来说，还是对于和美乡村建设而言，均需要为农业发展升级提供支持，让区域农业逐步发展成为"有奔头"的可持续发展产业，提升农业生产对优秀人才的吸引力，促进农业生产与农村生活升级，并让乡村逐渐转变为住户安居乐业的美丽家园。

（四）以"千万工程"经验为引领，大力推进乡村振兴、和美乡村建设

2024 年"中央一号文件"部署了"三农"领域重点工作。坚持和加强党对"三农"工作的全面领导，锚定建设农业强国目标。提升乡村建设水平，增强乡村规划引领效能，深入实施农村人居环境整治提升行动，推进农村基础设施补短板，完善农村公共服务体系，加强农村生态文明建设，促进县域城乡融合发展。全国各地村情及农民需求差异大，要确保乡村建设取得实效，就需要构建有效推进机制，将配置的公共资源、动员的社会资源因地制宜组合优化好，改善乡村自我发展条件，提升内生发展动力。乡村建设要将人口变化趋势考虑进去，避免无效投入和浪费，以县城为中心将县乡村统筹起来，做好全局建设规划，对未来有发展潜力的村镇重点布局，根据农民对公共基础服务的实际需求因地制宜转变工作机制，更好推进乡村建设。

项目三　新型城镇化建设和乡村振兴战略的关系

2024年1月中央经济工作会议指出，统筹新型城镇化和乡村全面振兴，要把推进新型城镇化和乡村全面振兴有机结合起来，促进各类要素双向流动，推动以县城为重要载体的新型城镇化建设，形成城乡融合发展新格局。这一系列重要部署体现了党中央推动经济高质量发展的辩证思维。落实到推进新型城镇化和乡村全面振兴上，就是要把城乡关系处理好，一体设计、一并推进，综合施策，实现城乡经济深度融合、功能互补。

一、新型城镇化战略与乡村全面振兴战略有机结合

新型城镇化战略与乡村全面振兴战略一体推进，取得了一系列显著成果，同时，一些地方还需要提高认识和改进做法，必须重视和探讨。要正确理解二者关系，把推进新型城镇化和乡村全面振兴有机结合起来，在认识上进一步提高，在实践中持续优化，推动形成城乡融合发展新格局。

二、新型城镇化建设与乡村全面振兴战略符合中国国情

（一）新型城镇化建设不是"消灭农村"

乡村振兴就是突出农业、农村、农民，城与乡要争夺资源，二者内在不一致的说法，这是用静止的而非动态的视角来看城乡关系，并且只看到城乡关系中的矛盾性而没有看到统一性，是极端错误的。城镇化与乡村振兴二者是相互促进、相互融合的。在现代化进程中，城市的比重上升、乡村的比重下降是客观规律，城乡将长期共生并存也是客观规律。乡村作为一个具有自然、社会、经济特征的地域综合体，与城镇共同构成人类活动的主要空间，二者在满足城乡居民多元化需求、促进经济增长方面都发挥着不可替代的重要作用。

（二）新型城镇化建设要求城乡协调发展

乡村全面振兴需要发挥城市的辐射带动作用，只有统筹好新型城镇化与乡村全面振兴，才能顺应中国式现代化建设要求，更好满足广大农村居民对美好生活的向往。在实践中，一些地方对统筹推进新型城镇化和乡村全面振兴的实现路径缺乏政策性、科学性指引。例如，有的地方在不具备条件的乡村无序造城、造镇，使乡村风貌遭受破坏，一些具备条件实施就地城镇化的县城、小城镇没有得到充分发展，基础设施建设和公共服务水平等有待提升，城乡二元结构仍然存在，城乡融合发展政策体系有待完善。我们必须从全局和战略高度来把握和处理工农关系、城乡关系，加快建立健全城乡融合发展体制机制和政策体系，强化以工补农、以城带乡，加快形成工农互促、城乡互补、协调发展、共同繁荣的新型工农城乡关系，使新型城镇化和乡村全面振兴密切结合、相互促进。

三、新型城镇化建设和实施乡村振兴战略都是长期的历史性任务

新时代，深入实施新型城镇化战略和全面推进乡村振兴战略都是长期的历史性任务，需要深刻把握两大战略统筹发展的现实依据和内在机制。从空间发展来看，没有脱离乡的城，也没有脱离城的乡。我国城乡发展的未来空间形态必然是现代化的城市与现代化的农村共生共荣。从目标要求看，推进新型城镇化与乡村全面振兴的出发点和落脚点都是让人民生活越过越好，二者都是中国式现代化建设的题中应有之义。从要素角度看，劳动力、土地、资本、技术、数据等要素在城乡之间实现充分流动，要素价值就能进一步发挥，这样既有利于城市，也有利于农村。统筹推进城镇化和乡村振兴，既要根据新型城镇化和乡村全面振兴的目标任务各自突破，又要找到二者的"结合点"，集中发力，一体推进以人为本的新型城镇化和以农业农村现代化为总目标的乡村振兴。具体来看，可以将以下几方面作为主要着力点。

（一）强化人口、人才相关政策保障

一方面，要加快农业转移人口市民化，健全常住地提供基本公共服务制度，让能进城愿进城的农民，更快更好融入城市。进一步深化户籍制度改革，放开放宽除个别超大城市外的落户限制，维护进城落户农民在农村的土地承包权、宅基地使用权、集体收益分配权，保障进城落户农民土地等合法权益，促进农业转移人口更好融入城市。另一方面，要着力培养一批乡村人才，全面提升农民素质素养。要制定财政、金融、社会保障等激励政策，有序引导大学毕业生到乡、能人回乡、农民工返乡、企业家入乡，创造机会、畅通渠道、营造环境，帮助解决职业发展、社会保障等后顾之忧，让其留得下、能创业。要树立阶段性用才理念，不求所有、但求所用。通过多方面努力，着力打造一支沉得下、留得住、能管用的乡村人才队伍，强化推进乡村全面振兴、加快建设农业强国的智力支持和人才支撑。

（二）发挥县域综合平台作用

当前，城乡空间分布和产业格局出现了"亦城亦乡"的中间形态。县城和小城镇是连接大城市与乡村的关键纽带，发展县城和小城镇对推动乡村振兴具有更为直接的影响。要把县域作为城乡融合发展的切入点，推进空间布局、产业发展、基础设施等县域统筹，推动公共资源在县域内优化配置。要科学把握功能定位，分类引导县城发

展方向，加快发展大城市周边县城，积极培育专业功能县城，合理发展农产品主产区县城，有序发展重点生态功能区县城，引导人口流失县城转型发展。畅通对外连接通道，提高县城与周边大中城市及县城与乡村互联互通水平。扩大教育资源供给，发展养老托育服务，完善文化体育、社会福利等方面的设施，增强县城带动乡村发展的能力。

（三）发展城乡特色优势产业

一些产业链的上中下游可能贯穿于乡村、城镇和城市，通过发展一条条这样的产业链，能够有效促进各类生产要素在城乡间流动，推动城乡要素优化配置和产业有机融合。要以城带乡、以工促农，发展乡村特色优势产业，培育新产业新业态。要壮大县域富民产业，推动城乡产业融合发展，建设县域商业体系。结合具体情况，可考虑建设联结城乡的冷链物流、电商平台、农贸市场网络，发展物流中心和专业市场，带动农产品进城和工业品入乡。以"粮头食尾""农头工尾"为抓手，培育农产品加工业集群。深入挖掘文化旅游资源禀赋，探索发展文化体验、休闲度假、特色民宿、养生养老等产业。

（四）加强体制机制创新

要建立健全城乡融合发展体制机制和政策体系，破除妨碍城乡要素自由流动和平等交换的体制机制壁垒，促进各类要素更多向乡村流动，为乡村全面振兴注入新动能。要健全城乡统一的土地和劳动力市场、统一规范的人力资源市场体系，建立健全城乡基础设施一体化规划机制、一体化建设机制、一体化管护机制。适应乡村人口变化趋势，优化村庄布局、产业结构、公共服务配置，扎实有序推进乡村建设，深入实施农村人居环境整治提升行动，提高县城综合承载能力和治理能力，促进城乡融合发展，进一步完善乡村治理体系。

思考题

1. 宜居宜业和美乡村建设具有哪些新内涵？
2. 和美乡村建设如何与新型城镇化建设相融合？
3. 实施乡村战略的重要意义是什么？

模块二　和美乡村规划建设的原则

知识目标：

了解统筹编制和美乡村建设规划是和美乡村建设格局优化的基本途径，熟悉规划的编制和实施的基本要求，明晰科学合理的规划是一项全局性、战略性的工作，是协调各方关系的重要手段，也是指导乡村建设和发展的指导性蓝图；理解立足现实、目光长远的科学规划有助于引导乡村走向和谐可持续，是提升乡村整体风貌的关键环节。

能力目标：

1. 联系实际，灵活运用和美乡村科学规划的前提；
2. 学会乡村科学规划的方法；
3. 通过了解乡村科学规划的法律地位，树立法治观念。

项目一　理论实践相结合

和美乡村规划是法定规划，必须在国家、省市级最新的乡村规划条例框架下进行，并且与最新的国土空间规划、生态规划等各类、各级规划相匹配，一般由乡级人民政府负责组织编制，并监督实施。规划编制主要是围绕和美乡村创建工作的总体目标和框架，注重短期利益与长期利益的协调、局部利益与整体利益的协调、总体目标与阶段目标的协调，更要注重地区总体发展与生态建设的协调，明确其目标的针对性。

和美乡村建设规划的突出目标是保障生态优先和生态安全，生态优先是和美乡村建设的核心要求。作为一个长期过程，应当兼顾适时效益和长期可持续发展。在规划过程中运用生态学原理和技术，维护和强化整体自然地貌格局，保护生物多样性。保持农村传统社会特征和文化特色，突出农村和谐发展的原始风貌，依自然条件、地形地貌、资源禀赋设计村庄格局、房屋建筑、基础设施,有助于防止出现千村一面的现象,从而更好地树立农村独特的形象,保持人文气息。

一、规划依据要求科学系统

和美乡村建设规划相关的理论基础较多,理论依据包括学术理论依据和规划依据两部分,这两大理论体系共同支撑着建设规划的科学性,其中规划依据与建设规划工作关系最为密切。

和美乡村建设规划以党中央关于推进农村生态文明、建设和美乡村的要求等文件精神为主要依据。

以党中央关于推进农村生态文明、建设和美乡村的要求来推进农村生态文明建设。其中,在和美乡村建设方面主要涉及六个方面的内容:第一,加强农村生态建设、环境保护和综合整治,努力建设和美乡村。第二,推进荒漠化、石漠化、水土流失综合治理,探索开展沙化土地封禁保护区建设试点工作。第三,继续加强农作物秸秆综合利用。第四,搞好农村垃圾、污水处理和土壤环境治理,实施乡村清洁工程,加快农村河道、水环境综合整治。第五,发展乡村旅游和休闲农业。第六,创建生态文明示范县和示范村镇,开展宜居村镇建设综合技术集成示范。其中生态建设、环境保护和综合整治是和美乡村创建工作,尤其是规划编制和实施工作的纲领性要求。荒漠化、石漠化、水土流失综合治理和实施乡村清洁工程是生态环境的保护性要求,即和美乡村创建的基本要求,达不到这一基本要求的乡村将无法通过审定成为试点地;农作物秸秆综合利用作为农村资源利用的典型工程,乡村旅游和休闲农业作为农村经济发展生态化的产业发展目标,两者是推进农村生态文明建设、创建和美乡村的发展性指标;生态文明示范村和宜居村镇建设综合技术集成示范是和美乡村建设的主要途径。

近年来,农业农村部在文件中强调"规划先行,因地制宜"的原则,即充分考虑各地的自然条件、资源禀赋、经济发展水平、民俗文化差异,差别性制定各类乡村的创建目标,统筹编制和美乡村建设规划,形成模式多样的和美乡村建设格局,贴近实际,量力而行,突出特色,注重实效。按照文件要求,和美乡村建设规划是和美乡村创建工作的重要组成部分,规划内容应包括对自然条件、资源禀赋、经济发展水平、民俗文化差异等方面的分析,制定乡村发展目标,进而实现和美乡村建设格局的生态化、多样化和科学化。

作为省级专项规划,和美乡村建设规划需要以全国主体功能区规划为基础,与国家及省级经济和社会发展总体规划等上级规划相衔接,与土地利用规划、村庄整治规划等规划相协调。

全国主体功能区规划由国家主体功能区规划和省级主体功能区规划组成,分国家和省级两个层次编制。其主要任务是要根据不同区域的资源环境承载能力、现有开发密度和发展潜力，统筹谋划未来人口分布、经济布局、国土利用和城镇化格局，将国土空间划分为优化开发、重点开发、限制开发和禁止开发四类，确定主体功能定位，明确开发方向，控制开发强度，规范开发秩序，完善开发政策，逐步形成人口、经济、资源环境相协调的空间开发格局。

上级规划包括国家总体规划和省（区、市）级总体规划，其中最基本的依据是历次中华人民共和国国民经济和社会发展五年规划纲要，这类总体规划是国民经济和社会发展的战略性、纲领性、综合性规划，是编制本级和下级专项规划、区域规划及制定有关政策和年度计划的依据，作为总体规划在特定领域的细化的专项规划需要符合总体规划的要求。

土地利用规划是在一定区域内，根据国家社会经济可持续发展的要求和当地自然、经济、社会条件，对土地开发、利用、治理、保护在空间上、时间上所做的总体的战略性布局和统筹安排。它是从全局和长远利益出发，以区域内全部土地为对象，合理调整土地利用结构和布局；以利用为中心，对土地开发、利用、整治、保护等方面做统筹安排和长远规划。其目的在于加强土地利用的宏观控制和计划管理，合理利用土地资源，促进国民经济协调发展。

村庄整治规划是为贯彻落实全国改善农村人居环境工作会议的精神、指导各地结合农村实际提高村庄整治水平，由住房和城乡建设部出台安排的规划工作。该规划以改善村庄人居环境为主要目的，以保障村民基本生活条件、治理村庄环境、提升村庄风貌为主要任务。重点对村庄风貌进行整治提升，同时保护历史文化遗产和乡土特色。

在已有的规划编制过程中，如浙江省淳安县枫树岭镇下姜村"和美乡村精品村规划"中，明确了规划依据包含《中华人民共和国城乡规划法》（以下简称《城乡规划法》）、《中华人民共和国土地管理法》（以下简称《土地管理法》）、《村镇规划编制办法（试行）》、《浙江省城乡规划条例》、《村庄与集镇规划建设管理条例》、浙江省实施的《村镇规划标准》及其有关技术规定、《浙江省村庄规划编制导则（试行）》、《淳安县村庄布局规划》、《枫村岭镇总体规划》、《淳安县枫树岭镇下姜村村庄规划》、《淳安县枫树岭镇下姜村乡村旅游策划方案》、《淳安县枫树岭镇下姜村农业发展规划》，以及《枫树岭镇下姜村来料加工业项目发展实施方案》，共计13项上位规划。

二、实践流程设计规范合理

社会主义政治建设、社会建设、经济建设、文化建设和生态文明建设，构成发展中国特色社会主义"五位一体"的总体布局。五个方面的建设要求既是一个相辅相成、密不可分的有机整体，又有其各自的建设重点。根据"五位一体"的总体构想，即在可持续发展的目标下，推进经济、社会、文化、政治等各个方面，也就是将四大建设的目标融入生态文明建设中，将生态文明的发展理念融入四大建设中去。在统一目标、统一认识、统一行动纲领和行为模式的前提下，将五大建设统筹整合，将生态文明建设融入五大建设的方方面面，实现真正意义的"五位一体"。因此在和美乡村建设规划中，也应注重将生态文明建设的理念融入建设规划的方方面面，并以此为基础设计规划的技术流程。

首先，规划的编制与实施的意义在于为和美乡村创建工作服务，这一工作的开展需要以生态文明为基本理念，从政治建设、经济建设、社会建设、文化建设、生态文明建设"五位一体"总体布局思路出发，明确规划编制的意义和目标定位等。从这一意义上来说，"五位一体"总体布局也是和美乡村建设规划的总指导，包括规划指导思想和原则、规划内容设计和成果编制、规划实施等后续工作均在这一总框架指导下设计安排，也就是说"五位一体"总体布局应贯穿规划编制与实施的全过程。

其次，以"五位一体"总体布局的思路为基础设定规划指导思想和原则，明确规划的性质和定位，进一步阐明规划的依据和原则。其中，和美乡村建设规划的性质和定位是针对乡村整体发展的省级专项规划，是确定乡村发展战略的指导性文件和乡村生态文明建设的纲领性文件。此外，规划原则在和美乡村创建工作原则的基础上，还包括参与式原则、针对性原则、科学性与可操作性相结合原则和近远期结合原则这四个基本原则。

再次，在规划编制目标定位和原则指导下，明确规划编制内容，包括规划区特征分析、协调对接相关规划、明确发展方向、量化发展目标、优化空间布局五部分。以此为基础完成规划编制成果，包括规划文本、和美乡村建设工程表和和美乡村建设总体规划图。

最后，根据规划内容设计和规划编制成果设置规划实施方案，包括四维协调、统筹执行、分类推进和分步实施四大部分。其中，统筹执行包括上下统筹、城乡统筹、内部统筹和规划统筹四个层次，分类推进主要涉及生态、经济、社会、文化和空间格局五个方面。

上述内容为规划流程的主线，在此之外，围绕着党的指导精神，设定"五位一体"总体布局的思路，与规划内容设计中优化空间布局和规划实施中四维协调部分相统一。其中"五位一体"总体布局除涵盖政治建设外，其他四大建设分别对应优化空间布局中的生态安全空间格局、经济发展空间格局、社会公平空间格局和文化繁荣空间格局；同时对应四维协调中的生态宜居、生产高效、生活美好和文化繁荣四大目标。内外两条主线构成和美乡村建设规划的总体技术路线和框架。

做好乡村规划的调查研究，主要采用以下方法：

1. 文献研究法

整理国内外专家学者有关农村建设规划的研究成果，研读国内外农村建设的相关理论与管理文件，进行分析比较，梳理国内外专家学者的观点和对策。

2. 实地调查法

对和美乡村创建试点地进行实地调查，通过走访农户，采取村民访谈和发放调查问卷的方式，了解乡村发展的现状与存在的突出问题，与农民访谈，收集农村建设相关思路、意愿和资料。

3. 统计分析法

通过对统计数据和实地调查得到的数据进行分类、整理、汇总、统计，了解乡村的现状和问题，分析和美乡村创建试点地基本情况，以此为基础设计科学性、可操作性强的规划方案。

4. 定性与定量结合法

和美乡村建设是一个系统工程，研究工作需要从多个角度开展。定性分析是根据理论内在的逻辑关系结构得出相关的理论上的结论；定量分析则是为了深入验证理论分析的结论而给出的数据支持。

三、建设规划目标明确、内容清晰

和美乡村建设规划是基于创建活动要求编制的专项规划，也是和美乡村创建活动的重要组成部分。作为未来一段时期内的主要任务，规划的编制和实施不但是创建活动的基本要求，更是和美乡村创建试点评价的重要指标。和美乡村建设规划与和美乡村建设工程、和美乡村建设评估和和美乡村建设保障体系共同构成和美乡村创建活动的支撑框架。和美乡村建设规划是和美乡村创建工作的重要技术保障，也是和美乡村建设工程落实在空间上的具体表现，更是和美乡村建设评估和和美乡村建设保障体系的辅助支撑。科学、有效、实用的和美乡村建设规划是和美乡村创建工作的前提，只有规划好，才能建设好。只有在规划的指导之下，才能更好地统筹协调来自各方的资源和力量，解决当前乡村发展面临的各种问题，保护乡村生态环境。

和美乡村建设规划的主要任务包括以下几点：第一，从乡村整体持续发展目标出发，合理有序地配置资源。第二，保障社会经济发展与生态环境保护相协调，重点着眼于乡村生态文明建设。第三，通过空间格局优化，提高乡村社会经济发展。第四，在保障生态社会经济协调发展的同时，以乡村传统文化为基础繁荣文化事业。第五，建立相关机制，协同工程建设、建设评估和保障体系建设，确保和美乡村创建工作顺利开展。

和美乡村建设规划的编制和实施有赖于从理念上紧紧围绕生态文明建设，思路上着眼于解决农民、农村和农业面临的诸多问题，通过上下统筹、城乡统筹、内部统筹和规划统筹等几个层面共同协调，对建设可持续发展的美丽中国，从乡村层面践行中国梦具有重要意义。

近年来，党中央将"美丽中国"建设作为党的历史任务，作为国家未来发展的重要目标，将生态文明建设的理念融入中国特色社会主义建设中。美丽中国建设的总体思路是，以"五位一体"总体布局为框架，基于人地关系演进的基本规律，以科学发展观为指导，以促进社会经济发展、人居环境改善为目标，从全面、协调、可持续发展的角度，构建科学、量化的评价体系，建设天蓝、地绿、水净、安居的自然与人文环境。我国是一个农业大国，农民占据人口的主体，几千年农业文明积累下，乡村一直都是未来发展不可忽视的重要方面。与城镇相比，乡村受到人工干预和影响相对较小，自然生态环境受到的破坏程度也相对较低。和美乡村建设规划的设计和实施不仅仅要围绕美丽中国建设这一总体目标，更具有自身的特殊性、易操作性和重要性。

改革开放以来，乡村面貌发生了极大的变化，随着经济发展的加速，农村土地利用出现粗放化、乱用化趋势，土地利用类型被随意变更，宅基地占用耕地现象普遍，生态保护区域大范围被人工干预和影响。农业无序发展带来的盲目占地、资源浪费和环境污染等问题日趋严重，水土流失、生物多样性锐减等现象频发。乡村生态文明建设受到极大的挑战。严格保护耕地，严格按照规划类型使用土地是乡村建设的基本要求。和美乡村建设需要切实发挥规划的指导作用，使乡村建设走向"科学规划、合理布局、因地制宜、规模适度、配套建设、功能完善、保护环境、节约资源"的道路。

农村经济发展是农村整体发展的基础，和美乡村建设规划的设计和实施的任务之一就是解放和发展农村综合生产力，这里所谓的综合生产力不仅仅包括农业自身的发展、经济结构的调整和产业布局的优化，也包括了与农业生产相关联的农民产业知识的积累、技能水平的提高、生产环境的改善、基础设施的完善等多个方面，是在充分发挥自身资源优势的情况下，乡村经济社会的全面协调发展。在和美乡村建设框架之下，全面综合的发展才能保障农业的可持续发展，而和美乡村建设的规划也为实践提供了新的途径。

乡村是承载中华民族几千年文明发展的重要载体，也是中华民族优秀传统文化的集聚地带，如何继承和发展优秀传统文化成为展现乡村风貌的重要方面。除已有的历史文化村落保护工作外，还有众多其他类型的文化遗产，如何在保护优先的前提下进行科学有序的开发利用是规划实施的重要内容。党的十七届六中全会决定提出大力发展积极向上的农村文化，即挖掘当地优秀传统文化和知识技能，倡导资源节约、环境友好型的生活生产方式，推动农村文体设施建设工作，做好科普，把握乡村文化走向。

在生态文明建设理念的指导下，实施和美乡村建设规划，有助于农村人居环境的改善。这一改善不但可以体现美丽中国的建设成果，更能够直接体现对民生条件的改善。生态理念与现代技术相结合，可以规划打造一系列生态环境整治工程，这些工程的建设既有助于达到"村容整洁环境美"的要求，又有助于提高农村居民的生活水平。此外，在和美乡村建设框架下实现农业可持续发展，可以提高农业生产水平和农村经济状况，进而通过财政转移等手段，用于惠民工程的实施和农村民生保障工程的建设。在打造天蓝、地绿、水净的自然景观和绿色可持续农业发展模式的同时，建设和谐宜居的乡村环境。

项目二　长期短期规划相结合

　　和美乡村建设规划应从和美乡村创建活动的要求和乡村社会经济总体发展目标出发，力求高起点，注重长期目标的实现，确保规划在较长时间内具有指导作用。注重前瞻性与循序渐进相结合，和美乡村建设规划涉及村域范围内各种土地利用、产业布局、基础设施建设等多个方面，是一项复杂的工作，因而需要系统有序的安排。由于资金、人力的投入有一定的时效性，规划的实施也需要因时因地展开，和美乡村建设不可能一蹴而就，需要树立长期持续的思想观念，因而在规划设计和实施过程中，需要区分轻重缓急，通过座谈走访了解农民意愿和需求，同时着眼于未来，科学地设定目标和步骤，有计划、有重点地推进和美乡村建设工作。在这个过程中因势利导，抓好典型和示范，以点带面，点面结合，切实追求实际效果。

一、长期规划国标设定，保证规划的持续性

　　根据和美乡村建设规划的性质和定位，四维协调是规划实施的重要方面，也是和美乡村建设的长期目标。生态宜居是和美乡村创建工作的基本要求，改善农村人居环境也与中央关于生态文明建设的理念相协调；生产高效是创建工作，尤其是社会民生建设与乡村文化繁荣的物质基础，是以经济建设为中心的指导思想与可持续发展理念相结合的必然要求；生活美好是以人为本原则的集中体现，基本服务保障体系与民生基础设施的建立健全是维持社会和谐稳定的重要手段；文化繁荣是试点地典型示范的重要内容，也是和美乡村创建成果的体现。

（一）宜居宜业

　　和美乡村建设规划的实施应当紧紧围绕"和与美"这两个层面，充分了解社会经济发展与自然的关系，围绕生态文明建设这一理念展开，这就要求必须始终坚持以改善农村生态环境为工作重点，突出做好维持生态系统稳定、环境问题整治两大环节的工作，以此为基础统筹协调其他各项建设，将打造生态宜居的乡村生活环境、健康有序的经济发展环境、增加就地就业岗位作为重要内容。乡村人居环境的整治是和美乡村创建工作的重要切入点，也是可以让农村居民直接感受到的实惠，乡村环境的生态宜居化有利于和美乡村建设的顺利开展。

（二）生产高效

　　和美乡村建设内涵丰富，安居与乐业密不可分，良好的经济基础对生态环境、生

活水平及文化发展均有积极正面的促进作用。因此，在强调保护乡村生态环境的同时，还要树立紧抓生产、经营富民的理念，坚持生态与生产并重、规划与经营同行，把和美乡村建设规划的实施与低碳高效的可持续发展型业态有机结合，开拓发展乡村经济，增强农村建设发展的动力。

生态宜居和生产高效的主要目的都是为了生活在乡村内的村民获得基本的民生保障，在此基础上不断提高生活水平，促进社会和谐稳定。人居环境的改善是农民生活美好的重要体现，因此需要抓好落实基础设施建设。

（三）文化繁荣

党中央要求大力发展积极向上的农村文化。挖掘当地优秀传统文化，倡导绿色低碳的生活方式，推动文体设施建设，使农村在经济发展的同时，文化繁荣，文体活动更加丰富。和美乡村创建工作中应突出乡土特色，同时规划实施中着重关注作为乡村文化重要载体的传统村落。

二、短期目标落实，提高规划的示范性

和美乡村建设规划的远期目标主要是前文所述的四个维度，这四个维度决定了规划应当体现在生态、生产、生活三个层次的环境提升上。为落实规划，使其对广大农村地区具有示范作用，在建设规划的过程中应有针对性地设定可以在短期内实现的目标，根据和美乡村建设的目标及规划设计的发展方向，短期目标具体可以包括以下几部分。

（一）自然景观保护与开发

按照和美乡村创建的标准，农村地区通常具有山清水秀、沃野葱葱、稻浪滚滚、鸟语花香等乡村风味浓厚的田园风光。这种独特的景观资源对周边城市具有极强的吸引力，是城市化过程中市民寄托乡愁的落脚点。以农田、果园、池塘、森林等自然景观为主要的依托资源，兼以各类农林牧副产品加工生产为基础，用特色乡土文化和传统耕作方式贯穿景观开发的全过程，实现观光、娱乐、服务一体化的新型农业旅游业态。

（二）文化景观设计与利用

传统农耕文化是乡村文化的重点，也是其繁荣的基础。不同于自然景观的天然性，文化景观具有很强的可塑性，同时基于不同发展环境和不同的经济社会发展水平，不同乡村的传统文化也存在较大差异。坐落于乡村内部的楼、台、亭、塔等古建筑均可作为乡村的标志性景观，特别是某些民族文化相对繁荣的地区，民居也是独特的景观元素。对这些景观的合理开发和利用，有助于体现和美乡村建设的文化影响，同时提升村民的凝聚力。

（三）农村基础设施建设

基础设施的建设与保障是农村社会发展的重要基础，也是打破乡村相对闭塞环境的重要方式。乡村道路的建设是基础设施建设的重点，供水、供电、供气等设施的建设也应在短期内有序进行。此外，在有条件的试点乡村，应建有一定规模的文化活动场所，这种统一场所的构建有助于提升乡村内部文化环境，改善农民的精神面貌。

三、分类推进，协调规划的整体性

规划的分类推进是由和美乡村建设的基本原则和要求决定的，和美乡村建设要求保障乡村整体健康可持续发展，这一整体包含了农村、农业和农民，也可理解为生态、生产和生活的诸多方面。

（一）生态环境整治

主要展开生态系统保育工作，对生活环境进行集中整治，改善村容村貌，确保乡村实现生态宜居的近期目标。

（二）乡村经济发展

主要明确和美乡村试点地产业发展方向和产业结构，改善生产条件，大力推动资源节约型和环境友好型低碳节能产业，提倡有条件的乡村发展生态农业、生态旅游业和文化产业。

（三）基本民生建设

按照统筹城乡发展思路，满足和美乡村试点地基本公共服务均等化要求，保障试点地基本医疗卫生、教育文化、公共安全。以社会公平为基本原则，打造公共服务圈，保障乡村和谐稳定及邻里关系和睦。

（四）乡村传统文化

传统文化包含物质文化和非物质文化，应改变过去对于物质文化单一保护、盲目开发的方式，整体推进物质文化遗产与周边环境的综合保护、重视非物质文化的发掘传承，努力保存历史的真实性、突出乡村风貌的完整性、体现生活的延续性，以及保护利用的可持续性。

（五）空间格局优化

优化空间格局，整合上述四个阶段所涉及的生态、经济、社会、文化四个方面，统筹各方面资源，打造生态安全、经济发展、社会公正、文化繁荣的多目标综合空间格局，将和美乡村试点地打造成为宜居、宜业的生态环境保护示范地。

四、有序推进，提高规划的有效性

在推进乡村整体健康可持续发展的过程中，不能一蹴而就，必须有序推进。规划实施中，按照规划内容，大体可分为以下几个部分进行推进。

（一）生态环境整治

鉴于规划将从和美乡村试点地开始着手，此类地区乡村生态环境基础应在全国处于较高水平，因而其实施期限定为 2 年。

（二）基本民生建设普惠

和美乡村建设的主体是农民，根据当前实际情况，民生问题相对比较急迫，因此基本民生建设实施期限定为 3～5 年。

（三）乡村经济发展总体构架

乡村经济发展框架设计工作应从规划实施起开始，与生态环境整治期同步。

（四）继承与发展乡村传统文化

经济发展对传统文化的影响是双向的，对传统文化的促进作用也是不可或缺的，但文化的培育有其自身的规律，不能一蹴而就，更不宜操之过急。试点地乡村可按规划中期目标完成，传统文化基础较好的地区可视自身条件安排文化发展，展望 2050 年远景目标。

（五）整合优化示范

原则上和美乡村创建试点地区达到示范水准需完成以上四个部分的主要任务，鉴于和美乡村创建工作的重大意义和紧迫性，此部分仅作为规划参考，无硬性要求和时间节点，各地可酌情设置。

项目三　宏观微观相结合

　　和美乡村建设规划编制应对生态系统和农村资源环境基础及社会经济发展情况进行科学系统分析，对其面临的优势和劣势、机遇与挑战，尤其是对当前存在的突出问题进行科学评估，对经济、社会、文化和生态的发展和保护目标进行合理设定和量化，对规划实施过程中应采取的措施进行规范，确保其可操作性。

　　此外，实事求是、因地制宜是确保科学性与可操作性相结合的重要原则。和美乡村建设内容要求建设生态良好的乡村环境，因而保障生态系统的稳定是规划的一个重点。这种生态系统稳定性的维持需要以当地现状为基础，因而地形地貌、乡村区位条件、经济发展水平、交通基础设施等因素对规划的编制与实施有很大影响。如何既能尊重乡村发展与建设的客观规律，又能利用现有条件满足农民的实际需要，这就需要对不同乡村因地制宜分类指导，避免强制性统一模式要求下的大拆大建。

一、分析乡村特征

　　规划区特征分析是规划编制的基础，是保证其科学性、完备性和可行性的必要工作。规划的编制和实施的首要原则就是与科学性和可操作性相结合，要求规划必须符合乡村实际情况，考虑农民实际生产生活状况。脱离实际地一味完成规划设计，通过大量的土建工程改变自然地形地貌等行为，不但会造成资源、人力、财力等方面的浪费，还会让乡村失去地方特色和文化风貌。规划设计应当遵循乡村的自然性，一切为了美观效果而要求道路笔直、建筑整齐划一的设计，都会让乡村失去文化底蕴和意境，这种没有基于规划区资源环境、社会经济发展水平、文化风俗等实际特征的规划都是不切实际的，也是对乡村发展的历史和未来的不尊重。

　　表2.3－1所示的内容是基于广东省广州市南沙区芦湾村的案例，其指标包括了规划编制过程中特征分析的内容，但实际上，针对和美乡村这类综合性规划，其涵盖的范围应当更广。

表2.3-1 指标考核表

考核内容	考核目标	建设目标
舒适性	居住条件	人均钢筋混凝土结构、砖木结构住房面积30~40 m²； 生活区与养殖区分离，居住区与工业区分离； 住房建设符合村庄规划的要求。
	社区服务	在村委会设置一个以上"农村社区服务中心"； 推行"一站式"服务。
	村道建设	村道硬化率100%，主要道路机动车可通达； 主要道路配套齐全路灯、绿化带、排水管等设施。
	绿化环境	有一个以上供村民乘凉、休憩的绿化小公园、小绿荫地等；村域河流、池塘水面无垃圾，无异味、臭味。
	社会救助和保障覆盖率	新型农村合作医疗参保率或参合率达到95%以上； 最低生活保障标准以下的家庭全部享受最低生活保障； 新型农村社会养老保险参保率达到100%以上。
健康性	生活垃圾收集、处理情况	有专人管理或村民轮值的垃圾收集池（站），垃圾定点收集、堆放，实现日产日清，村道、公共场所保洁时间在8小时以上； 人畜粪便要进行无害化处理； 生活垃圾运往符合国家卫生标准的垃圾处理场（厂）处理； 村庄及周围基本无蚊蝇滋生地。
	污水处理	污水排放暗管化；污水实现集中处理。
	安全用水	自来水普及率达到80%以上。
方便性	医疗卫生条件	有村卫生站、常备医疗设备和药品； 有一个以上的村医； 村卫生站提供基本医疗服务及预防保健等医疗服务。
	文体活动设施配备情况	有一个以上综合活动场所，有老人、儿童活动设施；有一个以上室外活动场所。
	交通情况	符合客车安全通行条件的行政村通达客车； 已通客车行政村建有候车亭或客运站点。
	燃气普及率	90%以上。
安全性	社会治安状况	近两年未发生过刑事案件； 无集体上访事件。
	自然灾害问题	配置完善的防灾设施，已制定防治自然灾害的长效机制； 考核期间无群死、群伤的自然灾害事件。

（一）自然条件与资源禀赋

在乡村范围内从事生产、生活等活动必然受到自然环境的影响，作为人类聚集地的乡村形成的基础同样在很大程度上取决于自然条件的优劣。资源是人类发展自身所必需的物质基础，也是进行生产和生活的必要资料。自然条件的优劣和资源禀赋的差异对乡村总体发展有着根本性的影响。这些因素具体包括了气候条件、地形地貌、水土条件、能源矿产、林草覆盖等多个方面。

（二）生态环境状况

对乡村生态环境定性评价的方法有很多，但以生态环境建设为核心目标的和美乡村建设规划状况评价，建议引入生态安全评价等更为系统和科学的定量分析技术方法。由于和美乡村建设规划的特殊性，要求生态环境状况的分析作为规划区特征分析的重点内容。

生态安全评价的方法有很多，主要通过建立评价框架来进行计算，其中包括生态承载力评价、生态足迹法，以及应用较为广泛的 P－S－R 模型方法。P－S－R 模型即压力—状态—响应模型，此方法通过建立指标体系系统化、层次化计算生态安全总体情况，其中压力指标反映人类活动产生的负荷，状态指标表征生态系统和环境质量的状况，响应指标表征人类对生态环境问题的反馈。规划编制过程中，不同乡村可根据各自情况设计建立评价指标体系。

（三）社会经济发展

由于自然条件发展历程和文化背景的差异，不同地区的经济发展水平也呈现出不同的层次。不同地区的经济社会发展水平影响着乡村的总体布局，也影响其空间形态，进而对乡村发展、空间格局和建设水平都有直接影响。一般来说，社会经济发展水平较高的地区，由于民生的改善和村民生活水平的提高，会提高对所居住环境的要求。而传统从事农业生产的地区，由于各方面条件制约，多会出现人口流动的情况，从而产生新的空间格局。因此，社会经济发展现状是和美乡村建设规划编制中必要的内容。此外，作为经济社会发展的空间基础，也应对土地利用现状进行分析，以此为基础明确空间格局调整方式和限制。

（四）历史文化保护传承

不同自然条件、经济社会发展水平下，不同地区村民文化观念和生活方式也存在较大差异。作为历史悠久的文明古国，文化发展一直是中国社会尤其是农村社会的核心问题。关于历史文化传承的分析主要有两个方面：一方面是对实体文化形态的保护，另一方面是对非物质文化的传承。因此，在规划编制过程中对乡村，尤其是特别具有文化保护价值的村落需要明确文化保护范围，进而确定乡村的发展和整体建设的路径。在以实体形态保护为主的乡村，可以考虑将旅游业作为产业发展的重点。对非物质文化的传承，尤其是对传统农业文化技能的保护和传承，要注重维持其生存条件和空间，保护传统农业这一业态，在规划编制过程中细化并明确有待保护的历史文化名录。

（五）区位条件与空间格局特征

这里的区位条件是指和美乡村创建地所处国土空间位置状况，主要从产业、文化和生态保障等多个角度，通过空间分析的手段，分析和美乡村创建地与所属地级市和周边乡村的关系，明确其发展优势和不足，其中包括创建地与所属县市的经济关联度，包括交通条件、产业接续条件、产业链承接情况、劳动力转移条件等。

文化方面主要涉及创建地文化辐射程度及与周边其他乡村文化的联系等。生态保障方面较为复杂，除了其自身所处地形地貌等自然环境影响下的特殊发展空间状况外，还应分析其对周边地区的影响，尤其是其生态重要性和脆弱性影响下的区域总体格局情况，以及由于生态保障功能强化需要周边地区生态补偿的情况。

另外，应对乡村内部空间格局特征进行分析。乡村空间格局不但影响社会经济发展，也影响乡村用地效率，土地利用类型的破碎化对农业生产和生态保护均有显著的影响。因此在分析乡村内部空间格局特征时，应对生态、经济、社会、文化四个方面的空间格局状态进行分析，同时还应针对乡村土地利用现状特征进行分析。

二、明确发展方向

和美乡村建设规划编制与实施的目标是对评选审定后的创建地进行规划，在其优势领域的基础上统筹发展，明确乡村建设的方向定位，包括了生态、经济、社会和文化等多个方面。其中经济作为乡村发展的基础，经济发展方向和产业结构对乡村建设能产生重要影响，它也是实现乡村整体可持续发展和生态文化建设的物质基础。在和美乡村创建和乡村整体可持续发展的目标下，经济发展是各项工作开展的基础之一，也是和美乡村建设的必要物质准备，因此，经济建设和产业发展的多元化和生态化是建设规划的主要内容之一。

产业发展的多元化是指根据不同的自然资源环境特征、社会经济发展水平和区位条件，分析和美乡村创建地产业发展前景，协调创建地与所属县市和周边地区的关系，发展多种业态形式，以此提高乡村经济总体水平，增加农民收入及就业机会。产业形态的多样化既要求保障传统种植业、养殖业的发展，也要鼓励适宜本地区的林果业和蔬菜花卉种植业发展，同时也应在产业发展上做好产业链接续工作，抓好农产品加工业等第二产业和旅游业、文化产品开发等第三产业的发展。

产业发展的生态化即围绕生态经济建设统筹协调乡村发展方向。生态经济是指以生态文明理念为指导，在经济与生态相适应的原则下，在生态系统容量范围内，以基本满足人的物质需要为目的，按照生态经济学原理、市场经济理论和系统工程方法，运用现代科学技术，改变传统的生产和消费方式，发展生态高效的产业，把环境保护、资源和能源的合理利用、生态的恢复与经济社会发展有机结合起来，实现经济效益、社会效益、生态效益的可持续发展和高度统一。

（一）建立完善的经济可持续的增长机制

生态文明建设要求我们不能以牺牲环境为代价发展经济，经济发展方式要从粗放型转为集约型。我们选择生态文明的可持续发展模式，就是要考虑经济发展对环境的影响，生态经济的核心在于从经济发展上通过产业结构生态重组，创建一种由全新的生产消费方式支撑的经济体系与发展模式，以促进人类经济社会系统的生态化转变。

传统的经济增长方式主要依靠要素投入的增加，形成"高投入、高消耗、高排放、低效益"的增长方式。在生态文明建设理念下，可持续的增长机制主要通过大力发展高新技术、提升生产效率、调整产业结构、促进产业生态化、促进循环经济和低碳经济的发展等方式实现。所谓循环经济是由"资源—产品—再生资源"所构成的、物质反复循环流动的经济发展模式。在全球气候变暖的背景下，以低能耗、低污染、低排放为基础的"低碳经济"成为全球热点。低碳经济是针对碳排放量来讲的，指通过提高能源利用效率和采用清洁能源，以期降低二氧化碳的排放量、缓和温室效应，使在较高的经济发展水平上碳排放量比较低的经济形态。

（二）建立有利于生态经济的市场机制

与传统经济学仅仅关注经济系统内部资源配置问题相比，生态文明的理论研究将环境资源视为基础性稀缺资源，把生态环境承载力对经济系统的规模限制作为环境资源有效配置的先决条件。在生态文明的目标下，通过制度安排对经济行为主体进行激励与约束，促成经济行为主体的理性决策，形成有利于生态文明发展的内在驱动力。

生态文明时代需要产业生态化，所谓产业生态化就是依据生态经济学原理，运用生态、经济规律和系统工程的方法来经营和管理传统产业，以实现其社会效益和经济效益最大、资源高效利用、生态环境损害最小和废弃物多层次利用的目标。其主要手段有产业结构调整、产品结构优化、环境设计、绿色技术开发、资源循环利用和污染控制等。我们可以借鉴国外较为完善的产业生态化市场机制，建立我国有利于生态产业的市场机制。为此，除了要研究制定促进生态产业发展的政策体系外，还要通过政府给予政策和法律上的支持，促进绿色产品市场和绿色产业的发展。

（三）大力发展环保产业

环保产业是生态环境保护的重要经济基础和技术保障，大力发展环保产业对实现经济社会发展目标及促进城市可持续发展具有十分重要的意义。环保产业作为新兴的高新技术产业，知识密集度高，在科研能力、设备投入、人员技术等方面都有待提高。因而需要政府加大扶持力度，积极支持环保企业发展，增强环保产业的技术水平和整体实力。同时，为保障环保产业健康可持续发展，应当统筹协调，制定环保产业发展的相关规划和产业发展政策等。

三、量化发展目标

规划编制和实施的方向与目标的确定采用定性与定量分析相结合的方法，在发展方向协调内容中以定性为主，在发展目标具体化研究中以定量为主。定量分析包括横向和纵向多种比较方式，具体发展目标的量化包括三个部分：一是各领域发展规模量化，二是空间格局量化，三是发展时序量化。其中，前两者量化均与乡村人口规模和用地规模有关。在乡村建设重点方向、产业结构调整方向明确的前提下，采用综合分析法对乡村人口增长变化进行预测，进而严格根据集约用地原则，按照人均用地标准和人口规模对用地规模进行分析计算。

各领域发展规模量化中涉及的指标包括以下四点：第一，经济发展方面，包括农民人均纯收入、乡村工农业总产值、三次产业构成比、人均道路面积。第二，生态环境方面，包括森林覆盖率、垃圾处理率、人均绿地面积。第三，社会民生方面，包括人均生活支出、义务教育普及率、医疗卫生所覆盖率、信息化普及率。第四，文化方面，包括文化创意产业产值比重、文化旅游业产值等多个目标。

空间格局量化是借助空间分析方法，对规划区的空间布局进行图像化表达，为落实以生态文明建设为主导理念的空间管制提供科学依据。空间格局量化除经济发展指标的空间化外，主要涉及环境规划、文物保护规划和基础设施规划。其中，环境规划主要包括生活生产污染防治、环境绿化和景观规划，在规划设计中应以科学性、前瞻性和可持续性为基本原则，建立资源节约型和环境友好型的生态体系。在空间上明确生态环境保护区域，如自然保护区、饮用水源地、森林、湿地等重要生态系统的范围。文化保护规划方面主要处理好传统文化遗存在空间上的保护工作，主要是对文物古迹、风景名胜区及其他法律法规规定的保护范围用地进行严格限制和空间定量。另外，·还需要对供水、电力、交通、通信等基础设施空间格局进行优化调整。

发展时序量化即明确规划实施的时间表和和美乡村工程建设的时间表，按照分类推进、分步实施的总体框架，促进规划要求内容的有序、有效落实。

四、优化空间格局

乡村空间格局明确是规划切实实施的重要基础和保障，对于乡村这样一个相对较小的空间单元与行政单元来说，如果没有明确其空间格局，任由其生态、经济、社会、文化空间自行发展，将很可能出现某一空间占据极大优势而挤占其他领域空间的情况，这样不但无法保障各领域的协调统筹发展，更有悖于和美乡村建设的宗旨。

乡村空间格局受到多方面因素的影响，这些影响主要来自乡村内部和邻近城市两个方向。在经历改革开放的经济高速发展期后，经济发展为主导的情况较为突出，乡村工业化和城市扩张分别从内外两个方向威胁乡村空间格局安全。其中，经济高速发展背景下的乡村工业化进程过快，这同样加快了环境污染和对乡村自然景观的破坏，山水田园被工厂、库房切割占用，这种发展模式下，生态安全空间格局、社会公平空间格局、文化繁荣空间格局在强势的经济发展空间格局之下普遍被削弱，导致乡村空间格局无序发展。而在产业链上实际处于低端工业化的发展，更使乡村自身失去应有的优势和竞争力。另外，邻近城市的发展同样挤压着乡村空间，以城市建设用地蔓延为主要现象，对乡村发展，尤其是自然生态环境造成极大的影响。

在明确乡村空间格局的规划内容编制中，应以国家和省级主体功能区划为主要参考，明确各级禁止开发区和限制开发区，以此为基准，以经济建设生态化发展方向为基础实施。明确空间格局工作可参考以下步骤实施：首先通过访谈、问卷等手段对和美乡村创建试点区深入调研，综合考虑政府、农民、企业等主体对乡村空间的诉求。其次运用地理学和社会学的技术和方法，判别出维护生态安全、经济发展、社会公正、文化繁荣的关键性空间格局。最后通过综合分析集成多目标导向下的空间格局优化方案，确定优化方案。

根据上述步骤探索和美乡村创建区空间格局优化方案，明确乡村空间格局优化重点和类型。这些类型包括生态保护型（具有历史价值和文化传统的乡村，或生态脆弱地区和重要地区，主体功能区规划范围内的禁止开发区）、归并整治型（规划编制和实施前空间发展无序化严重的地区，表现为基础设施和生产用地过度分散粗放、资源浪费严重）、促进生产型（乡村生态环境条件优越，资源禀赋合理，但由于区位条件等限制经济和民生水平而受到影响的地区，可重点发展生态农业、生态旅游业和其他生态经济）及其他可定义的类型。最终通过分析判断各试点区空间格局优化方向和类型，据此指导和美乡村建设实施落地。

集约使用土地并保持传统空间结构相对完整是对和美乡村建设规划中空间格局研究内容的基本要求。由于土地利用规划已经详细规范了不同地块的不同使用功能，在和美乡村建设过程中就必须充分考虑土地利用现状，在恰当规模化的基础上，提高建设用地的集约利用水平，使土地的综合利用效益最大化。在有条件的乡村可考虑将部分农产品加工业等第二产业集中划定在一定范围内，对这类土地严格控制其使用范围，做到集约化、合理化，地尽其用。居住用地的空间形态上应注重其文化内涵，在延续传统村落原有建筑形态风格、空间布局结构等特色的同时，有机衔接新的建筑设计，实现村落文化特征的延续和空间形态的自然生长。

具体到各领域，农业生产受土地利用条件限制，总体布局很难有大的突破，因此，应在现有条件下，尽量发展合理规模、适度集约的农地利用模式，减少其他用地类型对农用土地的占用和切割，提高土地利用效率，同时也为机械化等农业现代化生产方式创造条件。针对林地、草地、园地等用地类型，应遵循自然性原则，依托自然条件，不强求建设，不盲目发展，以维护生态系统稳定为基本要求，为生态文明建设创造有利条件。根据经济生态化发展目标设定，严格控制非生态型工业发展规模和土地占用，空间布局上应充分考虑自然条件、资源禀赋和交通基础设施现状和规划等情况再进行设计。除交通、通信等经济基础设施建设外，为解决社会民生问题，还应该在空间格局优化研究中涵盖给排水、供电供热等民生设施规划，这类设施的规划原则已在上一级经济和社会发展总体规划和村庄整治规划等规划中有所体现，和美乡村建设规划编制中仅在空间格局上予以说明。作为以生态文明建设为核心的和美乡村建设规划的重要内容之一是生态环境规划，它包括了生态系统保护、生产生活污染防治、环境绿化和景观规划几个方面。在此内容设计中，应坚持前瞻性、实效性原则，注重自然风貌与人工环境相协调，从而保障乡村生态环境的良性发展。

除上述生态、经济、社会和文化空间格局优化外，还应落实和美乡村建设工程在空间上的布局，以便直观掌握乡村空间总体布局。

五、规划编制成果

和美乡村建设规划成果应满足易懂、易用的基本要求，具有前瞻性、可实施性，能切实指导和美乡村建设，具体形式和内容可结合各地实际工作需要进行补充、调整。规划编制成果原则上要求完成规划文本、和美乡村建设工程表和和美乡村建设总体规划图和和美乡村建设工程规划布局图。其中，和美乡村建设工程表主要用于统计相关工程名录，包括产业综合发展工程、安居生活建设工程、生态环境保育工程、和谐民生保障工程和乡土文化繁荣工程等。表中需要明确列出工程项目的名称、内容、规模、经费概算和实施进度计划等。表中所涉及的工程项目需要各地农业农村部门与其他部门相协调安排，确保实效。同时针对各项工程均需有关部门进行可行性分析研究，保障项目与规划和和美乡村创建工作协调。工程计划安排中严禁以空对空，原则上只列出规划期内具有操作可行性的项目，以保证工程落地。

和美乡村建设总体规划图主要用于展示总体空间布局，图中要素应涵盖生态安全、经济发展、社会公平和文化繁荣四个方面，其中生态安全空间格局明确为规划限制性条件。和美乡村建设工程规划布局图主要是将和美乡村建设工程落实在图上。

根据上述关于和美乡村建设规划的主要内容，需要各县级政府组织规划文本的编写工作，规划文本应包括以下内容：

1. 和美乡村创建地现状及突出问题特征分析

以基础调查、信息搜集、前期研究为基础，从自然条件与资源禀赋、生态环境状况、社会经济发展现状、历史文化保护传承、区位条件与空间格局特征和存在的突出问题等多个方面进行科学、系统、量化研究，分析创建地在和美乡村创建工作中所面临的机遇与挑战、优势与劣势等。在定性与定量相结合分析的基础上，需另附现状图和现状数据表。

2. 和美乡村建设规划总纲

从和美乡村创建总体要求出发，阐述规划编制的必要性和重要性，强调和美乡村创建工作的重要意义。概要性阐明规划指导思想、规划依据、和美乡村创建原则和建设规划原则、总体战略、时限与目标。规划依据应列出对和美乡村创建工作具有指导、约束、参考的法律法规及政策性文件、政府（部门）规划和其他相关文件；规划目标应明确阶段性目标，提出各领域发展方向、总体目标和阶段性目标。

3. 生态环境治理

与全国主体功能区规划衔接，预估和美乡村创建地生态环境状况，提出生态环境治理与保护的主要任务、措施，结合生态环境保育工程提出生态环境治理的重点方向，并给出阶段性指标和完成进度安排。

4. 经济生态化发展

明确和美乡村创建地经济发展方向，结合产业综合发展工程提出适用于本地区的经济生态化调整方案和产业发展路径。从发展规模量化、空间格局量化、发展时序量化三个方面展开。

5. 社会民生发展

根据乡村用地和人口规模明确社会基础保障设施与机制建设，提出住房、就业、就学、就医等社会民生问题的解决对策，提出保障安居生活与和谐民生发展的重点工程项目。

6. 文化繁荣

依据乡村传统文化保护与发展的基本要求，根据实际情况确定保护与发展的目标、原则。分阶段、分步骤在传统知识、传统文化、文化景观保护、文化产品开发、旅游开发等方面设定目标，重点推进乡土文化繁荣工程建设。

7. 支撑保障能力

包括乡村空间格局优化，基础设施和公共服务设施建设，人才、教育与科技支撑，社会保障体系建设，体制机制创新等。此外，针对规划实施要求，应阐述规划实施的技术保障和资金保障。其中，技术保障措施是从基础性调查研究和分析、建设评价指标体系、乡村发展的关键性技术研发和专家咨询机构建立等角度说明；资金保障是从国家和地方财政支持（包括相关政策、补贴、项目等形式）、社会资金和市场开拓等角度说明。

8. 政策措施和实施机制

主要涉及创建地为实现和美乡村建设实行的政策措施、实施机制及责任落实等。其中，政策措施主要从明确规划的法律地位、制定相关保护条例和管理办法等角度，说明本规划实施的政策保障措施；责任落实工作主要从责任主体建立保护与发展领导小组和办公室等角度出发，说明本规划实施的组织保障措施。

项目四　社会各方联动

　　乡村建设类规划的主要目的是解决农民生产、生活中涉及的空间格局优化问题，这一问题的解决离不开农民与地方政府的共同参与，规划编制需要以维护农民根本利益为出发点，尊重农民意愿和风俗习惯，广泛听取农民的意见和建议，变政府主导为引导，变农民被动为主动，以参与的方式对和美乡村规划进行框架设计及内容安排，从改善农民生活条件、改善农村人居环境出发，促进农村社会全面发展和农业可持续发展。

一、积极统筹引导多方共同参与

　　规划的实施离不开统筹和执行，统筹是为了更有效地执行，执行是为了更持续地统筹。

　　其中统筹包括了上下统筹、城乡统筹、内部统筹和规划统筹。

　　（一）上下统筹

　　由于和美乡村建设规划面临与上级规划衔接和空间规划协调的问题，如何破解各类规划对接问题是规划实施过程中的重点和难点，也是统筹工作的重要内容。寻求合理的切入点有助于拓展和美乡村建设的用地空间，促进创建地做到空间布局优化、功能定位合理、梯次衔接有序、实施落地可行。和美乡村建设规划由省级人民政府组织专家或委托咨询评估机构对和美乡村建设规划进行审查。

　　（二）城乡统筹

　　以城乡统筹促进城乡协调发展是科学发展观的重要内容之一，由于长期城乡发展不平衡造成的城乡差异给社会带来诸多不稳定因素，如何以工促农、以城带乡成为当前工作的重点之一。城乡统筹不是简单的城乡一体化，而是城乡协调发展，也就是兼顾城乡发展，建立城乡良性互动格局。在规划编制和实施过程中，重视城市对乡村的带动作用，着力解决城乡公共基础设施和基本服务均等化，打破制度上存在的城乡二元结构。

　　（三）规划统筹

　　规划文本编制需要科学的方法，规划的实施需要有效执行，两者的协调一致才能将整个工作更好地开展下去。在和美乡村建设过程中应重视规划工作，充分发挥其对和美乡村建设的规范指导作用。严格按照"不规划不设计、不设计不施工"的理念，要求规划建设两手抓，两手都要硬，在这一过程中要有序进行，不能为了建设而建设，忽视规划的引领作用。此外，和美乡村建设规划应与和美乡村建设工程建设、和美乡村建设评估和和美乡村建设保障体系构建等工作相协调，保障规划科学、实施有序。

二、农民主体参与规划编制

和美乡村建设规划在编制过程中，应充分征求社会公众意见，认真听取县级人民代表大会、政治协商会议的意见，自觉接受指导和监督，发挥各方面的作用。

村民是和美乡村建设的主体，和美乡村建设以农民的发展和意愿为基本原则，坚持以人为本，就是坚持乡村内部和谐共进。农民不但要在规划文本编制过程中参与，更要在实施过程中参与，也就是说，要把农民的参与贯穿于和美乡村建设规划编制与实施的全过程，制定农民群众深度参与的规划实施方案，确保让农民群众了解规划、支持规划并参与规划的实施。

和美乡村建设规划编制后的实施过程中，可能会面临诸多编制过程和发展规划过程中未考虑到的问题，这些问题可能具体到资金不足、景观改造动力不足等。在这一过程中应充分调动村民参与的积极性和主动性，通过政策和补偿等手段，鼓励规划区范围内的村民参与住房建筑统一规划和修葺，让村民充分了解乡村建设和发展对他们生活各方面的影响，让他们乐于并参与到乡村基础设施改造和建设中去。通过直接补贴等方式，让农民乐于参与供电、供水、供气和信息化改造工作。

三、动员社会力量保障规划实施

在鼓励和调动广大村民积极参与的同时，和美乡村建设规划的编制和实施也需要社会各界，尤其是建设工程相关的企业提供资金和实物的支持保障工作。

和美乡村建设规划涉及整个村域经济和社会发展，企业在这一发展过程中也会因乡村规范化和持续发展而获得相应的利益。在这种情况下，政府应通过多种渠道吸引企业的投入，将乡村建设与企业发展同步起来，建立健全发展机制，让企业充分参与到和美乡村建设的各个环节。通过农产品开发与经营、乡村景观旅游开发等一系列商业化活动，让企业与村民共享和美乡村建设的成果。只有这样，才能保障规划顺利并有效地实施。

此外，积极探索城市反哺乡村的有效模式，使创建地周边城市在乡村基础设施建设、公共服务设施建设等方面提供帮助和指导，同时建立多种合作联运机制，加速城乡联运和合作，为乡村农副产品及旅游地开拓渠道。

项目五　明确规划的法律地位

和美乡村建设规划工作作为和美乡村创建活动实施阶段的重要内容，应明确其在创建活动中的定位和作用。按照国家相关文件要求，明确规划工作的主体和承继关系，明确和美乡村建设规划作为和美乡村创建试点工作的规定完成内容，提高规划权威性。

一、规划编制实施的区域性

我国幅员辽阔，农村地区占据了国土空间的主体。不同地区水土条件、能源矿产、资源禀赋的差异使不同地区农村的自然环境、经济、社会历史文化存在明显的差别，不同的历史演进过程、经济发展情况、社会文化背景造就了不同的地方特色。因此，和美乡村建设在规划编制过程中的常见困境主要是共性与特性、规划弹性与权威性之间的矛盾。

二、规划编制的协调性

和美乡村规划的实施不是孤立的，作为省级专项规划，需要严格执行国家及省级主体功能区规划，与国家及省级经济和社会发展总体规划等上级规划相衔接，与土地利用规划、村庄整治规划等空间规划相协调。

首先，严格执行国家及省级主体功能区规划，在禁止开发区和限制开发区应严格避免出现工业化生产，针对不同类型区的发展定位来确定工业化发展的规模和程度。针对生态重要地区应注重现有生态系统稳定性的维护，严禁不可持续的开发活动，尤其禁止可能出现的破坏生态环境的经济活动。针对生态脆弱地区，应注重对现有生态系统的修复，对环境问题进行集中整治，抓好重点工程。按照全国主体功能区规划要求，这两类地区可重点发展生态型产业，如生态旅游，但在旅游开发过程中仍需依照生态为先的原则，不应为经济利益的驱动而扰乱生态系统稳定和环境保护工作。

其次，应与国家及省级经济和社会发展总体规划等上级规划相衔接。作为以农村整体可持续发展为主要目的的规划，其编制和实施应与国家及省级的经济和社会发展总体规划相一致，在这一框架下调整农村工作重点，调整农业发展方向和促进农民生活条件改善，最终实现生态文明下的综合发展。另外，和美乡村创建试点区不可能跳脱出所属地级市单独发展，因此其规划还要与市级相关规划保持一致。

三、规划编制的权威性

和美乡村建设规划是针对乡村发展和农业农村经济工作编制的专项规划，是在按照国家农业农村部统一部署、明确乡村建设工作重点、基于规划区特征分析与对接上级规划的基础上，确定乡村整体发展方向战略、明确空间布局和社会、经济、文化建设主要任务的指导性文件。规划除作为乡村建设工作的总体指导外，还是乡村生态环境保护工作中配合国家主体功能区规划的纲领性文件，和美乡村建设规划可以作为国家主体功能区规划在乡村层面上的重要补充。

和美乡村建设规划是和美乡村创建活动的重要组成部分，它与和美乡村建设工程、和美乡村建设评估和和美乡村建设保障体系共同构成和美乡村创建活动的支撑框架，因此规划编制和实施过程中应与和美乡村建设工程、和美乡村建设评估和和美乡村建设保障体系的设计和建设相协调。

和美乡村建设规划作为专项规划，其侧重点是以生态环境建设为主导，统筹乡村整体发展，与新农村建设从基础设施建设入手改善生产生活条件存在一定差异，在规划编制和执行过程中需明确区别对待。规划编制和实施过程中，需要正确认识"和美乡村"的内涵与特征，及其生态、经济、社会、文化意义，应与现有农村建设类专项规划相区分。另外，和美乡村建设规划作为专项规划应以严格执行国家及省级主体功能区规划和国家及省级经济和社会发展总体规划等上级规划为基础，在遵循纲领性规划实施的基础上，按照因地制宜、突出特色的原则安排规划内容。同时，和美乡村建设规划应与土地利用规划相协调，切实保障合法用地占地，按照集约高效的原则控制用地规模，确保土地资源的可持续开发和利用。

和美乡村创建地区根据实际情况和任务要求科学确定规划期限，原则上规划期分为近期和中期。其中，近期规划的内容主要是落实产业发展引导和空间格局优化，重点为保障自然环境安全和生态系统稳定，并着力打造特色传统文化品牌；中期目标主要是落实可持续农业和民生发展相关的基础设施及和美乡村工程建设，促进乡村文化繁荣和社会和谐。

思 考 题

1. 和美乡村科学规划的前提有哪些？

2. 如何提高和美乡村科学规划的指导性、有效性、可行性、参与性、权威性？

3. 如何做好乡村科学规划中的社会联动？

模块三　和美乡村规划

知识目标：

掌握和美乡村规划的原则；熟悉乡村规划的用地标准；了解乡村各类用地规划的内容；了解乡村生态环境规划的种类；掌握乡村景观设计的方法、住宅布局的原则。

能力目标：

1. 灵活运用和美乡村的规划原则；

2. 学会乡村环境控制的方法；

3. 联系实际，解析和美乡村生态环境规划策略的可操作性；

4. 运用乡村民居住宅的类型及布局，给本村拿出布局方案。

项目一　和美乡村总体规划

一、和美乡村规划的原则

要建设好和美乡村，就必须有科学的乡村规划。乡村规划作为国土空间规划体系中乡村地区的详细规划，是开展国土空间开发保护活动、实施国土空间用途管制、核发乡村建设规划许可证、进行各项建设的法定依据，也是实施乡村振兴战略的重要前提、指导发展建设的重要依据。要统筹考虑乡村地区的生产、生活、生态空间等总体布局，严格落实生态红线和永久性基本农田保护措施，找准村域发展方向。简单来说，搞好和美乡村规划，就要遵循三区四线的管理原则，如表3.1－1所示。

表 3.1-1　乡村规划应遵守的三区四线

序号	类别	规划管理的内容
1	禁建区	基本农田、行洪河道、水源地一级保护区、风景名胜核心区、自然保护核心区和缓冲区、森林湿地公园生态保育区和恢复重建区、地质公园核心区、道路红线、区域性市政走廊用地范围内、地质灾害易发区、文物保护单位保护范围内等，禁止建设开发活动。
2	限建区	风景名胜非核心区、自然保护非核心区和缓冲区、森林公园非生态保育区、湿地公园非保育区和恢复重建区、地质公园非核心区、海陆交界生态敏感区和灾害易发区、文物保护单位建设控制地带、文物地下埋藏区、机场噪声控制区、市政走廊预留和道路红线外控制区、矿产采空区外围、地质灾害低易发区、蓄滞洪区、行洪河道外围一定范围等，限制建设开发活动。
3	适建区	在已经划定为建设用地的区域，合理安排生产用地、生活用地和生态用地，合理确定开发时序、开发模式和开发强度。
4	绿线	划定各类绿地范围的控制线，规定保护要求和控制指标。
5	蓝线	划定在规划中确定的江、河、湖、库、渠和湿地等地表水保护和控制的地域界线，规定保护要求和控制指标。
6	紫线	划定国家历史文化名城内的历史文化街区和省、自治区、直辖市人民政府公布的历史文化街区的保护范围界线，以及城市历史文化街区外经县级以上人民政府公布保护的历史建筑和保护范围界线。
7	黄线	划定对发展全局有影响、必须控制的基建设施用地的控制界线，规定保护要求和控制指标。

　　并且，和美乡村的总体规划应和土地规划、区域规划、乡村空间规划相协调，应当依据当地的经济、自然特色、历史和现状的特点，综合部署，统筹兼顾，整体推进。

　　坚持合理用地、节约土地的原则，充分利用原有建设用地。在满足乡村功能上的合理性、基本建设运行上的经济性前提下，尽可能地使用非耕地和荒地，要与基本农田保护区规划相协调。

　　在规划中，要注意保护乡村的生态环境，注意人工环境与自然环境相和谐。要把乡村绿化、环卫建设、污水净化等建设项目的开发和环境保护有机地结合起来，力求取得经济效益同环境效益的统一。

　　在对和美乡村规划中，要充分运用辩证法，新建和旧村改造相结合，保持乡村发展过程的历史延续性，保护好历史文化遗产、传统风貌及自然景观，达到创新与改造、保护与协调的统一。

　　和美乡村规划要与当地的发展规划相一致，要处理好近期建设与长远发展的关系，使乡村规模、性质、标准与建设速度同经济发展和村民生活水平提高的速度相适应。

二、乡村规划用地标准

（一）规划建设用地结构

在对乡村进行规划时，应按照国家的《城市用地分类与规划建设用地标准》执行。规划中的居住用地、公共管理与公共服务用地、工业用地、道路与交通设施用地、绿地与广场用地的面积占建设用地面积的比例应符合表 3.1-2 的规定。

表 3.1-2　规划建设用地结构

类别名称	占用地的比例/%	类别名称	占用地的比例/%
居住用地	25.0~40.0	道路与交通设施用地	10.0~25.0
公共管理与公共服务用地	5.0~8.0	绿地与广场用地	10.0~15.0
工业用地	15.0~30.0		

（二）规划人均单项建设用地标准

规划人均居住用地指标：规划人均居住用地，一方面应依据国家制定的《建筑气候区划分标准》中划分的气候区划，再依据《城市用地分类与规划建设用地标准》执行。其指标应按表 3.1-3 执行。

表 3.1-3　人均居住用地面积（m^2/人）

建筑气候区划	Ⅰ、Ⅱ、Ⅵ、Ⅶ气候区	Ⅲ、Ⅳ、Ⅴ气候区
人均居住用地面积	28.0~38.0	23.0~36.0

规划人均公共管理与公共服务用地面积不小于 5.5 m^2/人；规划人均交通设施用地面积不应小于 12.0 m^2/人；规划人均绿地面积不应小于 10.0 m^2/人，其中人均公园绿地面积不应小于 8.0 m^2/人。

三、乡村工业用地规划

工业生产是和美乡村经济发展的重要因素，也是加快乡村现代化的根本动力，它往往是和美乡村形成与发展的主导因素。因此和美乡村工业用地的规模和布局直接影响和美乡村的用地组织结构，在很大程度上决定了其他功能用地的布局。工业用地的布置形式应符合如下要求：和美乡村工业用地的规划布置形式，应根据工业的类别、运输量、用地规模、乡村现状，以及工业对和美乡村环境的危害程度等多种因素综合决定。一般情况下，其布置形式主要有如下三种。

（一）布置在村内的工业

在乡村中，有的工厂用地面积小，货运量不大，用水与用电量又少，但生产的产品却与乡村居民生活关系密切，整个生产过程无污染排放。如小五金、小百货、小型食品加工、服装缝纫、玩具制造、文教用品、刺绣编织等工厂及手工业企业。这类工业企业可采用生产与销售相结合的方式布置，形成社区性的手工业作坊。

工业用地布置在村镇内的特点是，为居民提供了就近工作的条件，方便了职工步行上下班，减轻了交通压力；职工的通勤、食宿等成本相对较低。

（二）布置在乡村边缘的工业

根据近几年乡村工业用地的布置来看，布置在乡村边缘的工业项目较多。按照相互协作的关系，这类布置应尽量集中，形成一个工业园区。这样，一方面满足了工业企业自身的发展要求，另一方面又考虑了工业区与居住区的关系。既可以统一建设道路工程、给排水工程设施，也可以达到节约用地、减少投资的目的；还能减少性质不同的工业企业之间的相互干扰，又能使职工上下班人流适当分散。布置在村边缘的企业，所生产的产品可以通过公路、水运、铁路等运输形式进行发货和收货。这类企业主要是机械加工、纺织厂等。

（三）布置在远离乡村的工业

在乡村中，有些工业受经济、安全和环保等方面要求的影响，宜布置在远离乡村的独立地段。如砖瓦厂、石灰、选矿等原材料工业；有剧毒、爆炸、火灾危险的工业；有严重污染的石化工业和有色金属冶炼工业等。为了保证居住区的环境质量，规划设计时，应按当地最小风频、风向布置在居住区的下风侧，必须与居住区留有足够的防护距离。

图 3.1-1　工业用地的布局

图 3.1-1 是工业在乡村外围的用地布置形式。

四、道路用地的规划布置

"要想富，先修路"是对乡村发展的精辟总结。"村村通、村内通"工程为和美乡村发展奠定了坚实基础，公路在乡村中的布置十分重要。

在规划和美乡村对外交通公路时，通常是根据公路等级、乡村性质、乡村规模和客货流量等因素来确定或调整公路线路走向与布置。在和美乡村中，常用的规划布置方式有：

第一，把过境公路引至乡村外围，以切线的布置方式通过乡村边缘。这是改造原有乡村道路与过境公路矛盾经常采用的一种有效方法。

第二，将过境公路迁离村落，与村落保持一定的距离，公路与乡村的联系采用引进入村道路的方法布置。

第三，当乡村汇集多条过境公路时，可将各过境公路的汇集点从村区移往乡村边缘，采用过境公路绕过乡村边缘组成乡村外环道路的布置方式。

第四，过境公路从乡村功能分区之间通过，与乡村不直接接触，只是在一定的入口处与乡村道路相连接。

第五，高速公路的定线布置可根据乡村的性质和规模、行驶车流量与乡村的关系，可规划为远离乡村或穿越乡村两种布置方式。若高速公路对本村的交通量影响不大，则最好远离该村布置，另建支路与该村联系；若必须穿越乡村，则穿入村区段路面应高出地面或修筑高架桥，做成全程立交和全程封闭的形式。

五、港口乡村的规划布置

港口按其所处的水域地理位置分为河港和海港两大类。

水运主要利用地面水体进行运输，对乡村的干扰较少。水运与乡村的联结和转运主要是通过港口进行，所以港口是水运乡村的重要组成部分，也是水陆联运的枢纽。和美乡村总体规划中的水运规划，首先要确定的就是港口的位置，然后才能合理地规划布置其他各项规划用地。

在选择港口位置时，既要满足港口工程技术、船舶航行、经营管理等方面要求，又要符合和美乡村总体发展的利益，解决好港口与乡村工业、仓储、生活居住区之间的矛盾，使他们形成一个有机的整体。所以它必须符合下列要求：①港口位置的选择必须是地质条件好，冲刷淤积变化小，水流平顺，具备足够水深的河、海岸地段；有较宽的水域面积，能保证船舶方便、安全地进、出港，能满足船舶运转和停泊；应有足够的岸线长度及良好的避风条件；港区陆地面积必须保证能够布置各种作业区及港口的各项工程设施，并有一定的发展空间；港口位置还应选在有方便的水、电、建材供应且维护方便的地段。②港口位置的选择应与乡村总体规划布局相协调，尽量避免将来可能产生的港口与乡村建设中的矛盾；应留出一定的岸线，尤其是村中心区附近的岸线作为生活岸线，与乡村公共绿地系统结合布置，以满足村民休闲游憩的需要，增添和丰富乡村景观，改善乡村生态环境；港口作业区的布置不应妨碍乡村卫生，并不应影响乡村的安全；乡村客运码头应接近于村中心区；港口布置应不截断乡村交通干线，并应积极地创造水陆联运的条件。

在港口乡村规划中，还要妥善处理港口布局与乡村布局之间的关系。一是要合理进行岸线分配，这是关系到港口乡村总体布局的重要问题。沿河、海的乡村在分配岸线时应遵循"深水深用，浅水浅用，避免干扰，各得其所"的原则，综合考虑乡村生活居住区、风景旅游区、休养疗养区的需要，做出统一规划。二是要加强水陆联运和水水联运。当货物需通过乡村道路转运时，港区道路的出入口位置应符合乡村道路系统的规划要求，一般应坚持把出入口开在乡村交通性干道上，而避免开设在乡村生活性道路上，以防造成交通混乱，如图 3.1-2 所示。

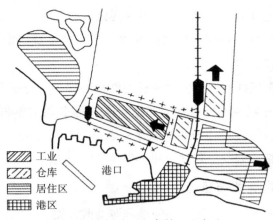

图3.1-2 港口区农村用地布局

图例：
- 工业
- 仓库
- 居住区
- 港区
- 港口

六、乡村公共建筑用地规划

和美乡村公共建筑用地与居民的日常生活息息相关，并且占地较多，所以和美乡村公共建筑用地的布置，应根据公共建筑不同的性质来确定。在布置上，公共建筑用地应布置在位置适中、交通方便、自然地形富于变化的地段，并且要保证与村民生活方便的服务半径，有利于乡村景观的组织和安全保障等。

（一）乡村中的日常商业用地

与村民日常生活有关的日用品商店、粮油店、菜市场等商业建筑，应按最优化的服务半径均匀分布，一般应设在村的中心区。

乡村集贸市场，可以按集贸市场上的商品种类、交易对象确定用地。集贸市场商品种类可分为如下几类：农副产品，主要有蔬菜、禽蛋、肉类、水产品等；土特产品，如当地山货、土特产、生活用品、家具等；牲畜、家禽、农具、作物种子等；粮食、油料、文化用品等；工业产品、纺织品、建筑材料等。

对于在集贸市场上的农副产品和土产品，与乡村居民的生活有着密切关系，所以应在村子的中心位置布局，以方便村民的生活需要。

对于新兴的物流市场、花卉交易市场、再生资源回收市场、农业合作社交易市场等，也应在规划用地中给予充分考虑。布局时，则应设置在交通方便的地方。一般单独设在村庄的边缘，同时应配套相应的服务设施。

从乡村的集贸市场和专业市场来看，其平面表现形式有两种：沿街带状和连片面状。

对于专业市场的用地规模，应根据市场的交易状况及乡村自身条件和交易商品的性质等因素进行综合确定。

（二）学校、幼儿园教育用地

在中心村设置有学校和幼儿园的建筑用地，应设在环境安静、交通便利、阳光充足、空气流通、排水通畅的地方。

（三）医疗卫生、福利院用地

为改善百姓就医环境，满足基本公共卫生服务需求，缩小城乡医疗差距，达到小病不出村，老有所养，乡村卫生所和老年福利院建设不可忽视。规划村级卫生所和老年福利院，要选择阳光充足、通风良好、环境安静，方便就诊、养老的地方，并配建相应的停车场（位）。

（四）村级行政管理用地

对于中心村来讲，村级行政管理建筑用地可包括村委办公、党群服务、文化娱乐、旅游接待等场所。应结合相应的功能选择合适的位置，并要有足够的发展空间。

七、居住用地的规划

为乡村居民创造良好的居住环境，是和美乡村规划的目标之一。为此，在乡村总体规划阶段，必须选择合适的用地，处理好与其他功能用地的关系，确定组织结构，配置相应的服务设施，同时注意环保，做好绿化规划，使乡村具有良好的生态环境。

乡村人居规划的理念应体现出人、自然、技术内涵的结合，强调乡村人居的主体性、社会性、生态性及现代性。

（一）乡村人居的规划设计

乡村居住建设工作要按"统一规划，统一设计，统一建设，统一配套，统一管理"的原则进行，改变传统的一家一户各自分散建造，以统一的社会化的综合开发的新型建设方式，并在改造原有居民单院独户的住宅基础上，建造多层住宅，提高住宅容积率、降低土地空置率，合理规划乡村的中心村和基层村，搞好退宅还耕，扩大农业生产规模，防止土地分割零碎。乡村居住区的规划设计过程应因地制宜，结合地方特色和自然地理位置，注意保护文化遗产，尊重风土人情，重视生态环境，立足当前利益并兼顾长远利益，量力而行。

1. 中心村的建设

中心村的位置应靠近交通方便地带，要能方便连接城镇与基础村，起到纽带作用。中心村的住宅应从提高容积率和节约土地的角度考虑，提倡多层住宅，如多层乡村公寓。地方政府要加大力度规划和引导中心村的建设，逐步实现中心村住宅商品化。

2. 基层村的建设

基层村应与中心村之间有便捷的交通，其设置应以农林牧副渔等产业的直接生产来确定其结构布局。鉴于农业目前的生产关系，可将零星的自然村集中调整成为一个新的"自然"行政村，便于形成乡村规模经济。基层村的住宅要以生产生活为目的，最好考虑联排形式，可借鉴郊区的联排别墅建设方案，并进行功能分区，底层用作仓储，为生产活动做准备；其他层为生活居住区，这样将有利于生产生活并节约土地。

3. 零星村的迁移建设

在旧村庄的改建过程中，应当下大功夫让不符合规划的村庄和散居的农户分批迁移，逐步退宅还耕，加强新村的规划设计。在迁移过程中要考虑农民的承受能力，不宜操之过急。对于确有困难的农民应加大帮扶力度，同时要给迁移的村民予以一定的补偿。

（二）乡村居住用地的布置方式和组织

和美乡村居住用地的布置一般有两种方式：集中布置和分散布置。

1. 集中布置

乡村的规模一般不大，在有足够的用地且用地范围内无人为或自然障碍时，常采用这种方式。集中布置方式可节约市政建设的投资，方便乡村各部分在空间上的联系。图 3.1 - 3 是某地一个中心村的集中方式规划图。

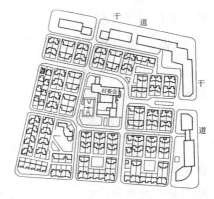

图 3.1 - 3 居住区的集中布置

2. 分散布置

若用地受到自然条件限制，或因工业、交通等设施分布的需要，或因农田保护的需要，则可采用居住用地分散布置的形式。这种形式多见于复杂地形、地区的乡村。图 3.1 - 4 是分散布置的方式。

乡村由于人口规模较小，居住用地的组织结构层次不可能与城市那样分明。因此，应确立乡村居住用地的组织原则：一是服从乡村总体的功能结构和综合效益的要求，内部构成同时体现居住的效能和秩序。二是居住用地组织应结合道路系统的组织，考虑公共设施的配置与分布的经济合理性及居民生活的方便。图 3.1 - 4 分散居住规划图的特性，符合乡村居民居住行为的特点和活动规律，兼顾乡村居住的生活方式；又能适应乡村行政管理系统的特点，满足不同类型居民的使用要求。

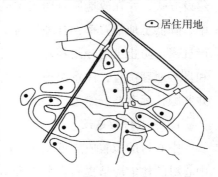

图 3.1 - 4 分散居住规划图

项目二 乡村生态环境规划

乡村是自然生态环境和社会经济环境交叉融合的系统工程，两者相互联系，相互影响。和美乡村生态环境规划的目的就是通过系统规划，运用生态学的原理、方法及系统科学的手段去辨识、模拟和设计乡村生态系统内的各种生态关系，探讨改善系统生态功能促进人与环境关系持续发展的可行的调控对策。特别要注意的是当前生态保护红线对和美乡村规划的要求，生态保护红线的实质是生态环境安全的底线，目的是建立最严格的生态保护制度，对生态功能保障、环境质量安全和自然资源利用等方面提出更高的监管要求，从而促进人口资源环境相均衡、经济生态社会效益相统一。具体来说，生态保护红线可划分为生态功能保障基线、环境质量安全底线、自然资源利用上限。

一、乡村标识的设置

在今天现代化的社会生活中，建筑内外空间中，形形色色、不同功用的标识、标志到处可见，起到分流、指导、咨询等作用。出色的乡村标识不但是一种导向载体，而且是乡村形象的宣传者。它不但能彰显乡村的魅力，而且能引起人们的共鸣。所以在和美乡村建设中，乡村的标识或标志牌是乡村必备的公共设施，是衡量乡村建设规范化的重要指标，是和美乡村的一道靓丽风景。

设置乡村标识，主要有村名标识、街道标识、家庭门牌号标识、各种交通标识等。在这里只对乡村名称的标识作为重点给予介绍。

乡村名称标识，就如过去牌楼、牌坊的设置，多设置在乡村的入口处，有的是跨建在进村的道路上，有的则是建在入口处的路边上，这种标识性建筑物也称作门牌石。它的种类主要有钢筋混凝土结构、木结构、砖结构、钢结构及石质结构等。

（一）钢筋混凝土结构

如果规划设计的村名标识是跨越在入村的道路上，并且道路跨度较大，就要采用钢筋混凝土结构。这种结构坚固耐用，造型复杂，配以各种建筑装饰构件，能够成为一道亮丽的风景线。

（二）木结构

木结构的村名标识也种类繁多，造型各异。这种结构多在木材资源丰富的地区采用。有的也是跨建在入村的道路之上，成为牌坊式标识。

除了柱式牌坊标识结构外，还有一种牌楼式村名标识。这种结构也是跨建在入村的道路上。

（三）独石雕名标识

在入村口的一旁，规划设计一块巨石，上面雕刻村名，就成为一块村牌石。这种标识看似简单，但作用非凡。乡村的这个村牌石，一般采用花岗岩质地的天然石材，经过简单加工、刻字后，显示了其浑厚、大气等特点，体现了花岗岩天然质朴的外形，加之遒劲有力的书法，寓意人与自然的统一。

同时，不同色调的花岗岩有不同的寓意，有的还寓意坚强、坚韧及永不言败的精神。如立在四川映秀村口的"5·12地震"纪念牌石。这块巨石是地震时山体崩裂滚下来的，它是地震灾难的见证，是坚不可摧的象征，如今则成为映秀震源广场中的震中石纪念性标识。

除了独块门牌石，还有块石和石牌楼共建的双重标识性建筑物。

二、乡村绿化规划

环境绿化在乡村生态系统中具有重要作用。绿色植物不仅有使用功能、观赏价值，更具有生态功能。绿色植物在改善生态环境、调节气候、增加湿度、降低噪声、吸收有害气体、丰富居民精神文化生活、协调人与自然的关系等方面发挥着生物降解功能和重要作用。因此，绿化环境建设不仅直接关系到乡村生态环境质量和居民生活质量的提高，而且也是乡村经济发展的必要条件，是实现乡村可持续发展的基本保障。

（一）乡村绿地的分类

乡村绿地的分类，主要有如下四种：

1. 防护绿地

这种绿地具有双重作用，一是可以美化环境，二是安全、卫生，可用于阻风减尘，如水源保护区、公路铁路的防护林带、工矿企业的防护绿地、禽畜养殖场的卫生隔离带等。

2. 公园绿地

这是指为居民服务的村镇级公园、村中小游园，以及路旁、水塘、河堤上宽度大于5 m，设有游憩设施的绿地带。

3. 附属绿地

所谓附属绿地，就是指除绿地外其他建筑用地中的绿地，如居住区中的绿地，工业厂区、学校、医院、养老院中的绿地等。对附属绿地进行规划时，应结合乡村绿化规划的整体要求及用地中的建筑、道路和其他设施布置的要求，采取多种绿地形式，来改善小气候和优化环境。

4. 其他绿地

其他绿地是指水域和其他用地中的绿化地带。

（二）绿化系统规划布局

绿地与乡村的建筑、道路、地形要有机联系在一起，以此形成绿荫覆盖、生机盎然，构成乡村景观的轮廓线。绿地空间的布局形式，是体现乡村总体艺术布局的一项基本内容。绿地空间的布局形式不但要符合地理条件的需要，还要继承和发扬当地传统的艺术布局风格，形成既具有地方特色，又富有现代布局风格的空间艺术景观。它是提高乡村的建设品位，创建和美乡村品牌的重要表现。常用的绿地空间布局形式有以下四种：

1. 点状布局

指相对独立的小面积绿地，一般绿地面积在 0.5～1.0 ha 不等，有的甚至只有 100 m^2 左右，其中街头绿地面积不小于 400 m^2，是见缝插绿、降低乡村建筑密度、提高老街道绿化水平、美化乡村面貌的一种较好形式。

2. 块状布局

乡村绿地的块状布局，指一定规模的街心花园或大面积公共绿地。

3. 带状布局

这种布局多利用河湖水系、道路等线性因素，形成纵横向绿带网、放射性环状绿带网。带状绿地的宽度不小于 8 m。它对缓解交通环境压力、改善生态环境、创造乡村景观形象和艺术面貌特色有显著作用。

4. 混合式布局

它是前三种形式的综合运用，可以做到乡村绿地布局的点、线、面结合，组成较完整的绿地体系。其最大优点是能使生活居住区获得最大的绿地接触面，方便居民游憩，有利于就近区域小气候与乡村环境卫生条件的改善，有利于丰富乡村景观艺术面貌。

（三）乡村绿化规划

在环境绿化规划中，各地应以大环境绿化为中心，公共绿地建设为重点，道路绿化为骨架，专用绿地绿化为基础，将点、线、面、圈的绿化建设有机地联系起来，构成完整的绿地系统，实现山清水秀、村在林中、房在树中、人在绿中、绿抱村庄的效果。在规划时，应根据绿地的分类、使用功能和场所进行。

1. 公园绿地规划

和美乡村建设中，乡镇中的公园是为村民提供休憩、游览、欣赏、娱乐功能的公共场所。在对乡村公园进行规划时，应以本地植物群落为主，也可适当引进外地观赏植物，以此丰富绿化档次、提高景观水平。

2. 防护绿地规划

对防护绿地进行规划，主要包括卫生防护林和防护林带。

当前，有的乡村经营煤炭生意，还有的在乡村附近建混凝土搅拌站、水泥厂、生石灰窑及产生有害气体的企业等。为了保护居住生活区免受煤灰、水泥灰、白灰粉和有害气体的污染侵害，就要规划设置卫生防护林带，林带宽度应大于 30 m；在污染源或噪声大的一面，应规划布置半透风林带，在另一面规划布置不透风式林带。这样可使有害气体被林带过滤吸收，并有利于阻滞有害物质，使其不向外扩散。在村边的禽畜饲养区周围，应规划设置绿化隔离带，特别应在主风向上侧设置 1~3 条不透风的隔离林带。

防护村镇的林带，规划设置时应与主风向垂直，或有 30° 的偏角，每条林带的宽度不小于 10 m。

3. 附属绿地

（1）街道绿化

规划街道绿化时，必须与街道建筑、周边环境相协调，不同的路段应有不同的街道绿化。由于行道树长期生长在路旁，必须选择生长快、寿命长、耐旱、树干挺拔、树冠大的品种；而在较窄的街道则应选用较小的树种。南方的乡村应选四季常青、花果同兼的绿化树木。

在街头，可因地制宜地规划街头绿化和街心小花园，并应结合面积的大小和地形条件进行灵活布局。

（2）居住区绿化

居住区绿化，是和美乡村建设中的重头戏，是衡量居住区环境是否舒适、美观的重要指标。可结合居住区的空间、地理条件、建筑物的立面，设置中心公共绿地，面积可大可小，布置灵活自由。面积较大时，应设置些小花坛、水面、雕塑等景观。

在规划时，不能因为绿化而影响住宅的通风与采光，应结合房屋的朝向配备不同的绿化品种。如朝南房间，应距离落叶乔木有 5 m 间距；向北的房间应距离外墙至少 3 m。配置的乔灌木比例一般为 2:1，常绿与落叶植物比例一般为 3:7。

（3）公共建筑绿化

公共建筑绿化是公共建筑的专项绿化，它对建筑艺术和功能上的要求较高，其布局形式应结合规划总平面图同时考虑，并根据具体条件和功能要求采用集中或分散的布置形式，选择不同的、能与建筑形式或建筑功能相搭配的植物种类。

（4）工厂绿化

规划工厂绿化时，应根据工厂不同的生产性质，因地制宜制定绿化方案。凡是有噪声的车间周围应选树冠矮、树枝低、树叶茂密的灌木与乔木，形成疏松的树群林带；会产生有害气体的车间附近的树木种植不宜过密，切忌乔灌混交种植。对阻尘要求较高的车间则应在主风向上侧设置防风林带，车间附近种植枝叶稠密、生长健壮的树种。

除了上面的规划内容外，还可以结合当地的特产农业，规划建设乡村经济观赏绿化带，既可有农产品收入，又能起到绿化乡村的作用。

三、乡村游园和景观设计

随着乡村全面振兴的不断推进及农业机械化的普及，村民的体力劳动得到了极大解放，精神文化需求也就随之而来。所以在村镇规划设计乡村小广场、小游园就成为时代发展的需要。村镇广场作为村镇公共空间的重要组成部分，是村镇居民公共生活的重要场所。但是由于各村镇的历史发展和风俗习惯有差异，所以村镇广场不会像城市广场那样功能分明，而是集休憩、娱乐、疏散等多种功能于一体的小广场。

村镇小广场进行规划设计时，应结合当地村镇的地理条件和村镇的性质来确定广场的空间环境，其设计的基本要求和原则如下。

（一）村镇小广场规划设计

1. 规划设计的基本要求

对小广场进行规划设计时，必须和该地区的整体环境协调统一。广场上的亭、廊、宣传栏、雕塑、喷泉、叠石、照明、花坛等设施要考虑其实用性、趣味性、艺术性和民族性。

2. 规划设计的原则

一是要结合广场的地形条件，来确定小广场的空间形态，空间的围合、尺度和比例。二是因地制宜，不失民族特色。要采用本地区的工艺、色彩、造型，充分体现当地的文化特征。三是尺度适宜，体量得当。设计时从体量到节点的细部设计，都要符合居民的行为习惯。四是注重历史传承，增加现代化气息。要挖掘当地历史和优秀传统文化的内涵，传承当地的文化遗产，结合现代材料和工艺，使之具有时代感。

3. 乡村广场的布局形式

在乡村中，由于村庄的规模都不是很大，所以就要在"小"字上下功夫，使广场具有小巧玲珑、功能俱全的特点。乡村小广场的布局形式主要有广场中心式和沿街线状式。

广场中心式，就是以小广场为中心，沿广场四周可以布置乡村文化活动室、购物商店、健身设施等，突出其多功能性，其布局形式如图 3.2 - 1 所示。

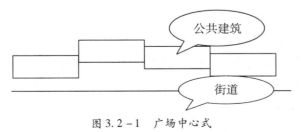

图 3.2 - 1　广场中心式

沿街线状布局形式是指将公共建筑沿街道的一侧或两侧集中布置，它是我国乡村中心广场的传统布置形式，这种布置具有浓厚的生活气息，其布置形式如图3.2－2所示。

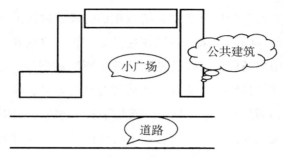

图3.2－2 沿街线状布置

（二）小游园的规划设计

乡村小游园具有装饰街景、增加绿地面积、改善生态环境之功效，是供村民休息、交流、锻炼、纳凉和进行一些小型文化娱乐活动的场所。

小游园按其平面布置主要有三种方式。

1. 规则式

这种布置有明显的主轴线，小游园的园路、水面、广场依据一定的几何图案进行布局。绿化、小品、道路呈对称式或均衡式布局，给人以整齐、明快的感觉。

2. 自然式

这种游园布局灵活，富有自然气息，它依景随形，配景得体，采用自然式的植物种植，呈现出自然精华和植物景观。

3. 混合式

这种布局既富有自然式的灵感，又遵守一定的规则，既能与四周环境相协调，又能营造出自然景观的空间。

在规划设计乡镇小游园时，必须因地制宜，力求变化；特点鲜明突出，布局简洁明快；要小中见大，空间层次丰富；对建筑小品，要以小巧取胜。植物种植要以乔木为主，灌木为辅，园内应体现出"春有芳花香，夏有浓荫凉，秋有果品赏，冬有劲松绿"，使园内四季景观变化无穷。

（三）建筑小品的规划设计

乡村街道上建筑小品主要有路灯、街道指示牌、花坛、雕塑和座椅等。在规划设计时，它不仅在功能上能满足村民的行为需要，还能在一定程度上调节街道的空间感受，给人留下深刻的印象。

乡村街道上的路灯，不必非用冷冰冰的水泥电杆，可以选用经过特殊加工造型的金属杆，采用太阳能节能灯、风力发电路灯等。

街道指示牌是外乡人进入该村的导路牌，是乡村规范化的名片符号，发挥着重要作用。所以，这些路牌色彩应鲜明，造型应活泼，位置应合理，标志应清晰。街道指示牌的高度和样式一定要统一，不能五花八门，既要有景观的效果，又要有指示的功能。

街道上的花坛是指在绿地中利用花卉布置出精细美观的绿化景观。它既可作为主景，又可作为配景。在对其规划时，则应进行合理的规划布局，从而达到既美化街道环境，又丰富街道空间的作用。一般情况下，花坛应设在道路的交叉口处，公共建筑的正前方。花坛的造型主要有独立式、组合式、立体式等，均应对花坛表面进行装饰。

街道雕塑小品，一般有两种风格，即写实和抽象。写实风格的雕塑是通过塑造真实人物的造型来达到纪念的目的。而抽象雕塑则是采用夸张、虚拟的手法来表达设计意图。

在乡村街道和游园广场中，还要设置具有艺术风格和一定数量的座椅，既有乡村建筑小品的情趣，又可供村民临时休息。

四、乡村环境控制

生活居住是乡村的基本功能之一，居住区是和美乡村的重要组成部分，居住区的空间环境和总体形象不仅对居民的日常生活、心理和身体健康产生直接的影响，还很大程度上反映了这个乡村的基本面貌。

对居住区环境的规划，不仅要满足住户的基本生活需求，还要着力创造优美的空间环境，为村民提供日常交往、休息、散步、健身等户外活动的生存需求、健康需求、安全需求、美的需求。对和美乡村居住区环境进行优化，就是要充分重视居住区户外环境的优化，对宅旁绿地、小游园等开敞空间，儿童、青少年和老年人的活动场地，道路组织、路面和场地铺装、建筑等进行精心组织，为村民创造高质量的生活居住空间环境和生态环境。

（一）大气环境控制

大气是人类生存不可缺少的基本条件。乡村大气污染的污染源主要有工业污染、生活污染、交通运输污染三大类。控制大气污染，提高空气质量的主要措施是改变燃料结构，装置降尘和消烟环保设施以减少污染，采用太阳能、沼气、天然气等洁净能源，增加绿地面积，强化监管措施，严格执行国家有关环境保护的相关规定。

（二）水环境控制

水是人类赖以生存的基本保证。水环境控制规划包括水资源综合利用和保护规划与水污染综合治理规划两方面内容。

依据乡村耗水量预测，分析水资源供需平衡情况，制定水资源综合开发利用与保护计划；在对地下水水源全面摸清储量的基础上，实现计划开采。对不同水源保护区，应加强管理，防止污染；对滨海乡村，应根据岸线自然生态特点，制定岸线与水域保护规划，严格控制陆源污染物的排放；制定水资源的合理分配方案和节约用水、回水利用的对策与措施；完善乡村给水与排水系统；对缺水地区探索雨水利用的新途径与新方法。

乡村水污染综合整治规划主要有：根据乡村发展计划，预测污水排放量；合理确定排水系统与污水处理方案，雨污分流，推广水循环利用技术，减少污水处理量；减少水土流失与污染源的产生；加强工业废水与生活污水等污染源的排放管制。

（三）固体废弃物的控制与处理

固体废弃物包括居住区的生活垃圾、建筑垃圾、工厂的废弃物、农作物秸秆及商业垃圾等，是乡村主要的污染源。固体废弃物的控制首先要从源头上尽可能减少固体废弃物的产生。这就要积极发展绿色产业，提倡绿色消费，提高村民的环境保护意识，严格控制"白色污染"，发展可降解的商品；提高全民的文明程度，养成良好的卫生习惯，自觉维护环境的清洁；提高固体废弃物回收与综合利用水平，变废为宝，实现固体废弃物的资源化、商品化。

在乡村中，应结合街道的规划布局，设置垃圾分类回收箱，一方面可为村民提供方便的清理垃圾的工具，另一方面通过巧妙设计也能使其成为街道一景。

（四）修建公共厕所

在和美乡村建设中，一方面应把沿街道上的私家厕所进行搬迁入户，另外还要结合人居分布情况和环境要求修建公共厕所。在用水方便的地区可以采用水冲式，用水紧张的地区可采用旱厕。在规划时，有旅游资源的乡村公厕间距，应在 300 m 左右；一般街道的公厕间距为 1 000 m 以下；居住区公厕间距在 300 ~ 500 m。

五、乡村防洪规划

靠近江、河、湖泊的乡村和城镇，生产和生活常受水位上涨、洪水暴发的威胁和影响，因此在规划设计和美乡村和居民点选址时，应把乡村防洪作为一项重要内容。

乡村防洪工程规划主要有如下内容：

（一）修筑防洪堤岸

根据拟定的防洪标准，应在常年洪水位以下的乡村用地范围的外围修筑防洪堤。防洪堤的标准断面，视乡村的具体情况而定。土堤占地较多，混凝土堤占地少，但工程费用较高。堤岸在迎河一面应加石块铺砌防浪护堤，背面可植草保护。在堤顶上加修防特大洪水的小堤。在通向江河的支流，或沿支流修筑防洪堤，或设防洪闸门，在汛期时用水泵排除堤内侧积水，排涝泵进水口应在堤内侧最低处。

由于洪水与内涝往往是同时出现，所以在筑堤的同时，还要解决排涝问题。支流也要建防洪设施。排水系统的出口如低于洪水水位时，应设防倒灌闸门，同时也要设排水泵站；也可以利用一些低洼地、池塘蓄水，降低内涝水位以减少用水泵的排水量。

（二）整治湖塘洼地

乡村中的湖塘洼地对洪水的调节作用非常重要，所以应结合乡村总体规划，对一些湖塘洼地加以保留和利用。有些零星的湖塘洼地，可以结合排水规划加以连通，如能与河道连通，则蓄水的作用将更为加强。

（三）加固河岸

有的乡村用地高出常年洪水水位，一般不修筑防洪大堤，但应对河岸整治加固，防止被冲刷崩塌，以致影响沿河的乡村用地及建筑。河岸可以做成垂直、一级斜坡、二级斜坡，根据工程量大小做比较方案。

（四）修建截流沟和蓄洪水库

如果乡村用地靠近山坡，那么为了避免山洪泄入村中，增加乡村排水的负担，或淹没乡村中的局部地区，可以在乡村用地较高的一侧，顺应地势修建截洪沟，将上游的洪水引入其他河流，或在乡村用地下游方向排入乡村邻近的江河中。

（五）综合解决乡村防洪

应当与所在地区的河流的流域规划结合起来，与乡村用地的农田水利规划结合起来，统一解决。农田排水沟渠可以分散排放降水，从而减少洪水对乡村的威胁。大面积造林既有利于自然环境的保护，也能起到水土保持作用。防洪规划也应与航道规划相结合。

六、乡村消防规划

对和美乡村进行总体规划时，必须同时制订乡村消防规划，以杜绝火灾隐患，减少火灾损失，确保人民生命财产的安全。

（一）消防给水规划

1. 消防用水量

消防用水量是保障扑救火灾时消防用水的保证条件，必须足量供给。

规划乡村居住区室外消防用水量时，应根据人口数量确定同一时间的火灾次数和一次灭火所需要的水量。此外，乡村室外消防用水量还必须包括乡村中的村民居住区、工厂、仓库和民用建筑的室外消防用水量；在冬季最低气温达到 −10 ℃ 的乡村，如采用消防水池作为消防水源，则必须采取防冻措施，保证消防用水的可靠性；城镇中的工厂、仓库、堆场等设有独立的消防给水系统时，其同一时间内火灾次数和一次火灾消防用水量可分别计算。

在确定建筑物室外消防用水量时，应按其消防需水量最大的一座建筑物或一个消防分区计算。

2. 消火栓的布置

乡村的住宅小区及工业区，其市政或室外消火栓的规划设置应符合下列要求：

消防栓应沿乡村道路两侧设置，并宜靠近十字路口。消火栓距道边不应超过 2 m，距建筑物外墙不应小于 5 m。油罐储罐区、液化石油气储罐区的消火栓，应设置在防火堤外；室外消火栓的间距不应超过 120 m；市政消火栓或室外消火栓，应有一个直径为 150 mm 或 100 mm 和两个直径为 65 mm 的栓口。每个市政消火栓或室外消火栓的用水量应按 10 ~ 15 L/s 计算。室外地下式消火栓应有一个直径为 100 mm 的栓口，并应有明显的标志。

3. 管道的管径与流速

选择给水管道时，管径与流速成反比。如果流速较大，则所需管材就小些；如果采用较小流速，就需要用较大的管径。所以，在规划设计时，要通过比较，选择基建投资和设备运转费用最为经济合理的流速。一般情况下，0.1 ~ 0.4 m 的管径，经济流速为 0.6 ~ 1.0 m/s；大于 0.4 m 的管径，经济流速为 1.0 ~ 1.4 m/s。

关于消防用水管道的流速，既要考虑经济问题，又要考虑安全供水问题。因为消防管道不是经常运转的，所以采用小流速大管径是不经济的，宜采用较大流速和较小管径。根据实践经验，铸铁管道消防流速不宜大于 2.5 m/s；钢管的流速不宜大于 3.0 m/s。

凡是新规划建设的居住区、工业区，给水管道的最小直径不应小于 0.1 m，市政消火栓的压力不应小于 0.1 ~ 0.15 MPa，其流量不应小于 15 L/s。

4. 消防通道规划

乡村街区内的道路，应考虑消防车执行任务时的通路，当建筑的沿街部分长度超过 150 m 或总长度超过 200 m 时，均应设置穿越建筑物的消防通道，并且还应设置消防车道的回车场地，回车场地的面积不小于 12 m²。

设置消防车道的宽度，不应小于 3.5 m；道路上边如果有架空管线、天桥，则其净高不应小于 4 m。

（二）居住区消防规划

居住区的消防规划是乡村中消防规划的重中之重，必须认真规划。

1. 居住区总体布局中的防火规划

乡村居住区总体布局应根据乡村规划的要求进行合理布置，各种不同功能的建筑物群之间要有明确的功能分区。根据居住小区建筑物的性质和特点，各类建筑物之间应设必要的防火间距。

设在居住区内的煤气调压站、液化石油气瓶库等建筑也应与居住的房屋间留有一定的安全间距。

2. 居住区消防给水规划

在居住区消防给水规划中，有高压消防给水管道布置、临时高压消防给水管道布置、低压给水管道布置等。这些给水管道均能保证发生火灾时的消防用水。但在乡村中，基本上采用生活、生产和消防合用一个给水系统，这种情况下，应按生产、生活用水量达到最大时，同时要保证满足距离水泵的最高、最远点消火栓或其消防设备的水压和水量要求。

小区内的室外消防给水管网应布置成环状，因为环状管网的水流四通八达，供水安全可靠。

在水源充足的小区，应充分利用河、湖、堰等作为消防水源。这些供消防车取水的天然水源和消防水池，应规划建设好消防车道或平坦空地，以利消防车装水和调头。

在水源不足的小区，必须增设水井、水窖、水池，以弥补消防用水的不足。

（三）居住区消防道路规划

居住小区道路系统规划设计，要根据其功能分区、建筑布局、车流和人流的数量等因素确定，力求达到短捷畅通；道路走向、坡度、宽度、交叉等要依据自然地形和现状条件，按国家建筑设计防火规范的规定科学地设计。当建筑物的总长度超过220 m时，应设置穿过建筑物的消防车道。消防车道下的管沟和暗沟应能承受大型消防车辆过往的压力。对居住区不能通行消防车的道路，要结合乡村改造，采取裁弯取直、扩宽延伸或开辟新路的办法，逐步改善道路网，使之符合消防道路的要求。

七、乡村治安防控规划

乡村治安防控是关系到广大人民的生活、生产、生存的大事，是和美乡村建设的特殊内容。所以，对乡村进行规划设计时，必须把治安防控规划做好做细，保一方平安，促一方稳定。

对乡村治安防控进行规划，就是要改变过去那种"治安基本靠狗"的乡村治安防控模式，运用当今的防控手段，在乡村中布下"电子天网"，提高治安防控能力。

规划安装电子治安监控设备时，应遵循以下原则：一是不得侵犯公民的隐私权和公共利益；二是规划安装的位置应符合交通、防洪、乡村环境等要求，不得乱安私建。

在下列乡村重点区域，可安装电子眼：乡村居住社区；贸易市场、农村信用社、学校、幼儿园、厂矿、村民养殖场；村中主要道路、案发较多地段、交通路口；自来水厂、重要河段；国家规定需要安装电子眼的其他地方。

项目三 乡村民居住宅的布局

人居住宅是人类在大自然中赖以生存的基础条件，是村民生产生活的聚集地。它是由乡村社会环境、自然环境和人工环境共同组成的，是乡村生态、环境、社会等各方面的综合反映，是乡村人居环境中的主要内容。

一、乡村人居住宅的类型

乡村住宅和房屋的类型，在不同地区、不同气候条件、不同民族有着不同的布局和造型。综合全国各地民居的形式，可归纳为三大类。

（一）土木构架式住宅

土木构架式住宅是中国乡村住宅的主要形式，其数量多，分布广，是最为典型的民居住宅。这种住宅以木结构为主，在南北向的主轴线上建主房，主房前面左右对峙建东西厢房，这就是通常所说的"四合院""三合院"。这种形式的住宅遍布全国乡村，但因各地区的自然条件和生活方式的不同而结构不同，形成了独具特色的建筑风格。

中国江南地区的住宅，也采用与北方四合院大体一致的布局，只是院子较小，称为天井，仅作排水和采光之用。屋顶铺小青瓦，室内以石板铺地，以适合江南温湿的气候。

（二）干栏式住宅

干栏式住宅主要分布在中国西南部的云南、贵州、广东、广西等地区，为傣族、壮族等民族的住宅形式。它是单栋独立的楼式结构，底层架空，用来饲养牲畜或存放物品，上层住人。这种建筑不但防潮，还能防止虫、蛇、野兽等侵扰。

（三）窑洞式住宅

窑洞式住宅主要分布在我国中西部的河南、山西、陕西、甘肃、青海等黄土层较厚的地区。窑洞式住宅主要利用黄土直立不倒的特性，水平地挖掘出拱形窑洞。这种窑洞节省建筑材料，施工技术简单，冬暖夏凉，经济适用。

二、南北方住宅布局

（一）北方地区住宅的平面布局

从北方地区住宅的平面形式来看，院落基本为纵长方形，住房为横长方形。

在平面布局上，为了接受更多的阳光和避开冬季北面袭来的寒风，应将房屋做成坐北朝南向，门和窗均设于朝南的一面。在住室的布局上，多将卧室布置在房屋的朝阳面，将贮藏室、厨房布置在背阳的一面。

（二）南方地区住宅的平面布局

南方地区住宅的平面布置比较自由通透。

院子采用东西横长的天井院，平面比较紧凑。房屋的后墙上部开小窗，围墙及院墙开设漏窗。一般住房的楼层较高，进深较大，这样有利于通风、散热、去潮。

江南水乡的民居住宅，大多依水而建，房屋平面布置多依据地形及功能要求进行，一般多取不对称的自由形式。由于河网密布，最好的建筑居住模式是临河而建，一边出口毗邻街道，一边出口毗邻河道。

三、住户类型及功能布局

对乡村住宅进行选型时，住户类型、住户结构、住户规模是决定住宅套型的三要素。除每个住户均必备的基本生活空间外，各种不同的住户类型还要求有不同特定的附加功能空间；而住户结构的繁简和住户规模的大小则是决定住宅功能空间数量和尺寸的主要依据。

根据常住户的规模，有一代户、两代户、三代户及四代户。一般两代户与三代户较多，人口多在3~6口。这样基本功能空间就要有门斗、起居室、餐厅、卧室、厨房、浴室、贮藏室，并且还应有附加的杂屋、厕所、晒台等，而套型应为一户一套或一户两套。当有3~4口人时，应设2~3个卧室；当有4~6口人时，应设3~6个卧室。

四、住宅布局的原则

根据乡村住宅户类型多、住户结构复杂、住户规模大等特点，要分别采用不同的功能布局方案。制定方案时一般应遵循以下原则：

一是要确保生产与生活区分开，凡是对人居生活有影响的生产区，均要设于住宅乃至住区以外，确保家居环境不受污染。

二是要做到内与外区分。由户内到户外，必须有一个更衣换鞋的户内外过渡空间；并且客厅、客房及客流路线应尽量避开家庭内部的生活领域。

三是要做到"公"与"私"的区分。在一个家庭住宅中，所谓"公"，就是全家人共同活动的空间，如客厅；所谓"私"，就是每个人的卧室。公私区分，就是公共活动的起居室、餐厅、过道等，应与每个人私密性强的卧室相分离。在这种情况下，基本上也就做到了"静"与"动"的区分。

四是要做到"洁"与"污"的区分。这种区分也就是基本功能与附加功能的区分。如做饭烹调、燃料农具、洗涤便溺、杂物贮藏、禽舍畜圈等均应远离清洁区。

五是应做到生理分居。也就是根据年龄段和性别的不同进行分室。在一般情况下，5 岁以上的儿童应与父母分寝；7 岁以上的异性儿童应分寝；10 岁以上的异性少儿应分室；16 岁以上的青少年应有自己的专用卧室。

思 考 题

1. 和美乡村规划的原则有哪些？
2. 港口乡村的规划应如何布置？
3. 乡村生态环境规划措施有哪些？
4. 依据学习的住宅布局的原则，试对自己的家做出一套规划方案。

模块四　和美乡村设施规划

学习目标

知识目标：

党的十九大报告从经济社会发展全局的高度创造性地提出了乡村振兴战略，要求坚持农业农村优先发展，按照"产业兴旺、生态宜居、乡风文明、治理有效、生活富裕"的总要求，建立健全城乡融合发展体制机制和政策体系，加快推进农业农村现代化。从五大要求的实现路径来看，农业农村基础设施和公共服务是乡村振兴总体任务的强力支撑，是实现农业强、农村美、农民富的重大抓手，将贯穿农业农村现代化的全过程。

乡村基础与公共服务设施是建设和美乡村的重要物质基础，是保证乡村生存、持续发展的支撑体系，是国民经济和社会发展的基本要素。乡村基础与公共服务设施工程规划，是保证乡村基础设施合理配置与科学布局、经济有效地指导和美乡村建设的必要手段。

能力目标：

1. 掌握和美乡村基础设施的分类及规划策略；
2. 掌握和美乡村公共设施的分类及规划策略。

项目一　和美乡村的基础设施规划

一、给水工程规划

（一）乡村水源选择和用地要求

为了保障人民生命财产安全和消防用水，并满足人们对水量和水质水压的要求，就必须对之进行科学规划。给水水源可分为地下水和地表水两大类。地下水有深层、浅层两种。一般来说，地下水由于经过地层过滤和受地面气候因素的影响较小，因此具有水清、无色、水温变化幅度小、不易受污染等优点。

水源选择的首要条件是水量和水质。当有多个水源可供选择时，应通过技术经济比较综合考虑，并符合以下原则。

1. 水源的水量必须充沛

天然河流的取水量应不大于河流枯水期的可取水量；地下水源的取水量应大于可开采储量。同时还应考虑到工业用水和农业用水之间可能发生的矛盾。

2. 水源应为较好水质

水质良好的水源有利于提高供水质量，可以简化水处理工艺，减少基建投资和降低供水成本。符合卫生要求的地下水，应优先作为生活饮用水源，按照开采和卫生条件，选择地下水源时，通常按泉水、承压水、潜水的顺序。

3. 布局紧凑

地形较好、村庄密集的地区，应尽可能选择一个或几个水源，实施区域集中供水，这样既便于统一管理，又能为选择理想的水源创造条件。如乡村的地形复杂、布局分散，则应实事求是地采取分区供水或分区与集中供水相结合的形式。

4. 综合考虑、统筹安排

要考虑施工、运转、管理、维修的安全经济问题；并且还应考虑当地的水文地质、工程地质、地形、环境污染等问题。

坚持开源节流的方针，统筹水资源利用的总体规划，协调与其他部门的关系。要全面考虑、统筹安排，做到合理化综合利用各种水源。

（二）水厂的平面布置与用地

1. 水厂的平面布置

水厂的平面布置应符合"流程合理，管理方便，因地制宜，布局紧凑"的原则。采用地下水的水厂，因生产构筑物少，故平面布置较为简单。采用地表水的水厂通常由生产区、辅助生产区、管理区、其他设施组成。水厂中绿化面积不宜小于水厂总面积的20%。进行水厂平面布置时，最先考虑生产区的各项构筑物的流程安排，工艺流程的布置是水厂平面布置的前提。

水厂工艺流程布置的类型主要有下列三种：

（1）直线型

它的特点是：从进水到出水整个流程呈直线状。这样，生产联络管线短，管理方便，有利于扩建，特别适用于大、中型水厂。

（2）折角型

当进出水管的走向受到地形条件限制时，可采用此种布置类型。其转折点一般选在清水池或吸水井处，使澄清池与过滤池靠近，便于管理，但应注意扩建时的衔接问题。

（3）回转型

这类型式适用于进出水管在同一方向的水厂，此种布置类型常在山区小水厂中应用，但近、远期结合较困难。

2. 水厂的用地面积

乡村水厂一般采用压力供水的方式，所以占地面积较小。但在规划水厂用地面积时，应根据水厂规模、生产工艺来确定，用地指标应符合表 4.1 - 1 的规定。

表 4.1 - 1　水厂用地控制指标

投资规模/万元	地表水水厂/ [m² / (m³·d)]	地下水水厂/ [m² / (m³·d)]
5 ~ 10	0.7 ~ 0.5	0.4 ~ 0.3
10 ~ 30	0.5 ~ 0.3	0.3 ~ 0.2
30 ~ 50	0.3 ~ 0.1	0.2 ~ 0.08

（三）乡村水源保护

1. 水源保护措施

尽管在乡村规划时选择水源经过了水文地质勘察和经济技术论证，在一定时段内也能满足乡村用水需要，但随着经济的发展，用水量的增长和水污染的加剧，会出现水源水量减少和水质恶化的情况。所以，在开发利用水源时，必须采取保护措施，做到利用与保护相结合。对水源进行保护，应采取以下措施：一是正确分析评价乡村的水资源量，合理分配各村民和村办企业所需水量，在首先保证村民生活用水和工业生产用水的同时，应兼顾农业用水。二是合理布局乡村功能区，减轻污水、废水对水源的污染。三是科学开采地下水源，合理布置井群，开采量严格控制在允许开采量以内。四是合理规划水源布局，结合环境卫生规划，提出防护要求和防护措施，并在村区域范围内做好水土保持工作。

2. 地表水源的卫生防护

水源的水质关系到乡村居民的身体健康和乡村的经济发展，特别是饮用水水源，更应妥善保护。水源的卫生保护应符合如下要求：一是取水点周围半径 100 m 的水域内，严禁捕捞、停靠船只、游泳和从事可能污染水源的任何活动，并应设明显的范围标志。二是取水点上游 100 m 至下游 100 m 的水域，不得排入工业废水和生活污水，其沿岸防护范围内不得堆放废渣，不得设立有害化学物品仓库、堆站或装卸垃圾、粪便和有毒物品的码头，沿岸农田不得使用工业废水或生活污水灌溉及施用持久性剧毒的农药，不得从事放牧等有可能污染该段水域水质的活动。供生活饮用的水库和湖泊，应根据不同情况的需要，将取水点周围部分水域或整个水域及其沿岸划为卫生防护地带，并按上述要求执行。三是在水厂生产区或单独设立的泵站、沉淀池和清水池外围小于 10 m 范围内，不得设立生活居住区和修建禽畜饲养场、渗水厕所、渗水坑；不得堆放垃圾、粪便、废渣或铺设污水渠道；应保持良好的卫生状况，并充分绿化。四是以河流为给水水源的集中式给水，应把取水点上游 1 000 m 以外的一定范围河段划为水源保护区，严格控制上游污染物排放量，以保证取水点的水质符合饮用水的水质要求。

3. 地下水源的卫生防护

地下水源各级保护区的卫生防护规定如下：一是取水构筑物的防护范围，应根据水文地质条件、取水构筑物的形式和附近地区的卫生状况确定。其防护措施应按地面水水厂生产区要求执行。地下取水构筑物，按其构造可分为管井、大口井、辐射井、渗渠等。二是在单井或井群影响半径范围内，不得使用工业废水或生活污水灌溉和施用有持久毒性或剧毒的农药，不得修建渗水厕所、渗水坑、堆放废渣或铺设污水渠道，并不得从事破坏深层土层的活动。如取水层在水井影响半径内不露出地面或取水层与地面水没有互相补充关系时，可根据具体情况设置较小的防护范围。三是在水厂生产区的范围内，应按地表水厂生产区的要求执行。四是分散式给水水源的卫生防护地带，水井周围 30 m 的范围内，不得设置渗水厕所、渗水坑、粪坑、垃圾堆和废渣堆等污染源，并建立卫生检查制度。

（四）给水工程管网规划布置

当完成了乡村水源选择、用水量的估算和水厂选址任务后，和美乡村给水工程规划的主要任务就是进行输配水工程的管网布置，保证将足量的、净化后的水输送和分配到各用水点，并满足水压和水质的要求。

1. 给水管网布置的基本要求

一是应符合乡村总体规划的要求，并考虑供水的分期发展，留有充分的余地。二是管网应布置在整个给水区域内，在技术上要保证用户有足够的水量和水压。三是不仅要保证日常供水的正常运行，而且当局部管网发生故障时，也要保证不中断供水。四是管线布置时应规划为短捷线路，保证管网建设经济，供水便捷，施工方便。五是为保证供水的安全，铺设由水源到水厂或由水厂到配水管的输水管道不宜少于两条。

2. 给水管网的布置原则

在给水管网中，由于各管线所起的作用不同，其管径也不相等。乡村给水管网按管线作用的不同可分为干管、配水管和接户管等。

干管的作用是将净化后的水输送至乡村各用水区，干管的直径一般在 100 mm 以上。支管是把干管输来的水量分送到各接户管和消防栓管道，为了满足消防栓要求，支管最小管径通常采用 75～100 mm。乡村总体规划阶段的给水管网布置和计算一般以干管为限，所以干管的布置通常按下列原则进行。

一是供水干管主要方向应按供水主要流向延伸，而供水流向取决于最大用水户或水塔等调节构筑物的位置。在布置干管时，尽可能使管线长度短一些，减少管网的造价和经常性的维护费用。管线布置要充分利用地形，尤其是输水管要优先考虑重力自流，干管要布置在地势较高的一侧，以减少经常性动力费用，并保证用户的足够水压。

二是地形高低相差较大的乡村，为避免低地水压过高、高地水压不足的现象，可结合地形采用分区供水管网，或按低地要求的压力供水，高地则另行加压处理。管线应按规划的乡村道路布置，避免在重要道路下敷设，尽量少穿越铁路和河流。

三是管线在道路下的平面位置和高度应符合管网综合设计要求。为保证绝大多数用户对水量和水压的要求，给水管网必须具有一定的自由水头。自由水头是指配水管中的压力高出地面的水头。这个水头必须能够使水送到建筑物的最高用水点，而且还应保证取水龙头的放水压力。管网水压控制中，应选择最不利点作为水压控制点。控制点一般位于地面较高、离水厂或水塔较远或建筑物层数较多的地区。只要控制点的水头符合要求，整个管网的水压应都能得到保证。

3. 给水管网的布置

给水管网布置的基本形式有树枝状和环状两大类。

（1）树枝状管网形式

干管与支管的布置犹如树干与树枝的关系，如图 4.1-1 所示。这种管网的布置，管径随所供水用户的减少而逐渐变小。其主要优点是管道总长度较短、投资少、构造简单。树枝状管网适用于地形狭长、用水量不大、用户分散，以及供水安全要求不高的小村庄，或在建设初期先形成树枝状管网，以后逐步发展成环状，从而减少一次性投资。

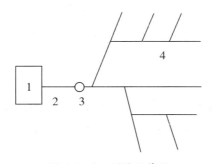

图 4.1-1　树枝状管网

1—泵站；2—输水管；3—水塔；4—管网

（2）环状管网形式

这种布置形式是指供水干管间用联络管互相连通，形成许多闭合的干管环，如图 4.1-2 所示。环状管网中每条干管都可以有两个方向的来水，从而保证供水安全可靠；同时，也降低了管网中的水头损失，有利于减小管径、节约动力。但环状管网管线长，投资较大。

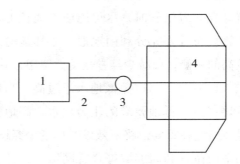

图 4.1 - 2　环状管网

1—泵站；2—输水管；3—水塔；4—管网

在和美乡村的规划建设中，为了充分发挥给水管网的输配水能力，达到既安全可靠又经济适用的目的，可采用树枝状与环状相结合的管网形式，对主要供水区域采用环状，对距离较远或要求不高的末端区域采用树枝状，由此实现供水安全与经济的有机统一。

二、排水管网规划

（一）乡村排水系统

对生活污水、工业废水、降水采取的排除方式，称为排水体制。一般情况下可分为分流制和合流制两种系统。

1. 分流制排水系统

当生活污水、工业废水、降水用两个或两个以上的排水管渠系统来汇集和输送时，称为分流制排水系统。其中，汇集生活污水和工业废水的系统称为污水排除系统；汇集和排泄降水的系统称为雨水排除系统。只排除工业废水的称工业废水排除系统。分流制排水系统又分为下列两种。

（1）完全分流制

分别设置污水和雨水两个管渠系统，前者用于汇集生活污水和部分工业生产污水，并输送到污水处理厂，经处理后再排放；后者汇集雨水和部分工业生产废水，就近直接排入水体。

（2）不完全分流制

乡村中只有污水管道系统而没有雨水管渠系统，雨水沿着地面，于道路边沟和明渠泄入天然水体。这种机制只有在地形条件有利时采用。

对于地势平坦、多雨易造成积水的地区，不宜采用不完全分流制。

2. 合流制排水系统

将生活污水、工业废水和降水用一个管渠汇集输送的称为合流制排水系统。根据污水、废水和降水混合汇集后的处置方式不同，可分为三种不同情况。

（1）直泄式合流制

管渠系统布置就近坡向水体，分若干排出口，混合的污水不经处理直接泄入水体。我国许多村庄的排水方式大多是这种排放系统。此种形式极易造成水体和环境污染。

（2）全处理合流制

生活污水、工业废水和降水混合汇集后，全部输送到污水处理厂处理后排出。这对防止水体污染、保障环境卫生最为理想，但需要主干管的尺寸很大，污水处理厂的容量也得增加很大，基建费用增加，在投资上很不经济。

（3）截流式合流制

这种系统是在街道管渠中合流的生活污水、工业废水和降水一起排向沿河的截流干管，晴天时全部输送到污水处理厂处理；雨天当雨量增大，雨水和生活污水、工业废水的混合水量超过一定数量时，其超出部分通过溢流井排入水体。这种系统目前采用较为广泛。

（二）污水管道的平面形式

在进行和美乡村污水管道的规划设计时，先要在村庄总平面图上进行管道系统平面布置，有的也称为排水管定线。它的主要内容有：确定排水区界、划分排水流域；选择污水处理厂和出水口的位置；拟定污水干管及主干管的路线和设置泵站的位置等。

污水管道平面布置，一般按照先确定主干管、再定干管、最后定支管的顺序进行。在总体规划中，只决定主干管、干管的走向与平面位置。在详细规划中，还要决定污水支管的走向及位置。

1. 主干管的布置

排水管网的布置形式与地形、竖向规划、污水处理厂位置、土壤条件、河流情况，以及其他管线的布置因素有关。按地形情况，排水管网可分为平行式和正交式。

（1）平行式

布置的特点是污水干管与地形等高线平行，而主干管与地形等高线正交。在地形坡度较大的乡村采用平行式布置排水管网时，可减少主管道的埋深，改善管道的水力条件，避免采用过多跌水井。

（2）正交式

通常布置在地势向水体略有倾斜的地区，干管与等高线正交，而主干管（截留管）铺设于排水区域的最低处，与地形等高线平行。这种布置形式可以减少干管的埋深，适用在地形比较平坦的村庄，既便于干管的自接流入，又可减少截留管的埋设坡度。

除了平行式与正交式布置形式外，在地势高差较大的乡村，当污水不能靠重力汇集到同一条主干管时，可采用分区式布置，即在高低地区分别铺设独立的排水管网；

在用地分散、地势平坦的乡村，为避免排水管道埋设过深，可采用分散式布置，即各分区有独立的管网和污水处理厂，自成系统。

2. 支管的布置

污水支管的布置形式主要决定于乡村地形和建筑规划，一般布置成低边式、穿坊式和围坊式。

（1）低边式

支管布置在街坊地形较低的一边，管线布置较短，适用于街坊狭长或地形倾斜时。这种布置在乡村规划中应用较多。

（2）穿坊式

污水支管的布置是污水支管穿越街坊，而街坊四周不设污水管，其管线较短、工程造价低，就是管道维护管理有困难，适用于街坊内部建筑规划已确定或街坊内部管道自成体系时。

（3）围坊式

支管沿街坊四周布置，这种布置形式多用于地势平坦且面积较大的大型街坊。

（三）污水处理厂位置规划

污水处理厂的作用是对生产或生活污水进行处理，以达到规定的排放标准，使之无害于乡村环境。污水处理厂应布置在乡村排水系统下游方向的尽端。乡村污水处理厂的位置应在乡村总体规划和乡村排水系统布置时决定。

选择厂址时应遵循以下原则：一是为保证环境卫生要求，污水处理厂应与规划居住区、公共建筑群保持一定的卫生防护距离，一般不小于 300 m，并必须位于集中给水水源的下游及夏季主导风向的下方。二是污水处理厂应设在地势较低处，便于乡村污水自流入处理厂内。选址时应尽量靠近河道和使用再生水的主要用户，以便于污水处理后的排出与回用。三是厂址尽可能少占或不占农田，但宜在地质条件较好的地段，便于施工、降低造价。四是污水处理厂用地应有良好的地质条件，满足建造构筑物的要求；靠近水体的处理厂应不受洪水的威胁，厂址标高应在 20 年一遇洪水水位以上。五是全面考虑乡村近期远期的发展前程，并对后期扩建留有一定的余地。六是结合各乡村的经济条件，如果当前不能建设污水处理厂，则各农户也可以单户或联户采用地埋式污水处理设备处理污水。

三、乡村道路规划

乡村道路是指村庄供车辆、行人通行的具备一定条件的道路、桥梁及其附属设施。对于乡村道路交通规划，应根据乡村用地的功能、交通的流量和流向，结合乡村的自然条件和现状特点，确定乡村内部的道路系统。乡村道路及交通设施规划建设应遵循安全、适用、环保、耐久和经济的原则。

（一）道路分类

乡村所辖地域范围内的道路按主要功能和使用特点，应划分为村内道路和农田道路。

1. 村内道路

村内道路是连接主要中心镇及乡村中各组成部分的联系网络，是道路系统的骨架和交通动脉。村内道路按国家的相关标准划分为主干道、干道、支路三个道路等级，其技术指标应符合表4.1-2的规定。

表4.1-2　村庄道路规划技术指标

规划技术指标	村镇道路级别		
	主干道	干道	支路
计算行车速度/（km/h）	40	30	20
道路红线宽度/m	24~40	16~24	10~14
车行道宽度/m	14~24	10~24	6~7
每侧人行道宽度/m	4~6	3~5	0~3
道路间距/m	500	250~500	120~300

2. 农田道路

农田道路是连接村庄与农田、农田与农田之间的道路网络系统，主要应满足农民、农业生产机械进入农田从事农事活动，以及农产品的运输活动。

对农田道路进行规划时，主要分机耕道和生产路。在机耕道中，又分为干道和支道两个级别。农田道路的红线宽度：机耕道的干道为6~8 m，支道为4~6 m；生产路为2~4 m。车行道宽度在3~5 m。

（二）道路系统规划

乡村道路系统是以乡村现状、发展规划、交通流量为基础，并结合地形、地貌、环境保护、地面水的排除、各种工程管线等，因地制宜地规划布置。规划道路系统时，应使所有道路分工明确，主次清晰，以组成一个高效、合理的交通体系，并应符合下列要求。

1. 满足安全

为了防止行车事故的发生，汽车专用公路和一般公路中的二、三级公路不宜从村中心内部穿过；连接车站、码头、工厂、仓库等货运为主的道路，不应穿越村庄公共中心地段。农村内的建筑物距公路两侧不应小于30 m；位于文化娱乐、商业服务等大型公共建筑前的路段，应规划人流集散场地、绿地和停车场。停车场面积按不同的交通工具进行划分确定。汽车或农用货车每个停车位宜为25~30 m²；电动车、摩托车每个停车位为2.5~2.7 m²；自行车每个停车位为1.5~1.8 m²。

2. 灵活运用地理条件，合理规划道路网走向

道路网规划指的是在交通规划基础上，对道路网的干、支道路的路线位置、技术等级、方案比较、投资效益和实现期限的测算等的系统规划工作。对于河网地区的道路宜平行或垂直于河道布局，跨越河道上的桥梁，则应满足通航净空的要求。山区乡村的主要道路宜平行等高线设置，并能满足山洪的泄流；在地形起伏较大的乡村，应视地面自然坡度大小，对道路的横断面组合做出经济合理的安排，并且主干道走向宜与等高线接近于平行布置。地形高差特大的地区，宜设置人、车分开的道路系统；为避免行人在之字形支路上盘旋行走，应在垂直等高线上修建人行梯道。

3. 科学规划道路网形式

在规划道路网时，道路网节点上相交的道路条数，不得超过 5 条；道路垂直相交的最小夹角不应小于 45°。道路网形式一般有方格式（如图 4.1-3 所示）、自由式（如图 4.1-4 所示）、放射式（如图 4.1-5 所示）、混合式（如图 4.1-6 所示）。

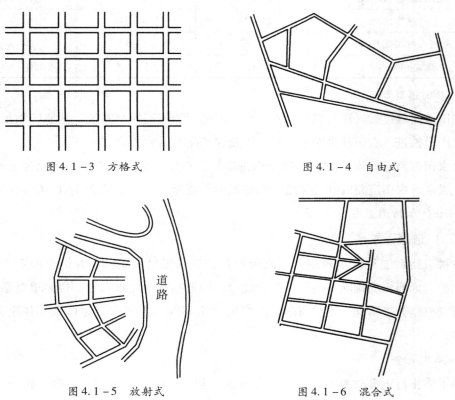

图 4.1-3　方格式　　　　　　　　　图 4.1-4　自由式

图 4.1-5　放射式　　　　　　　　　图 4.1-6　混合式

（三）交通设施

乡村交通设施，指的是乡村道路设施和附属设施两大部分。乡村道路设施的基本内容主要包括路肩、路边石、边沟、绿化隔离带等；道路的附属设施包括信号灯、交通标志牌、乡村公交车站等。这些设施的建设，就是为了保证乡村交通安全畅通和行人的生命安全。

在规划、设计交通设施时，应注意这些设施功能的合理性、可靠性、实用性及美观性，有的还要考虑地方特色同当地的自然风景相结合。

设施的位置必须充分考虑各种车辆的交通特点和行车路线，避免对交通路线造成障碍。

在有旅游资源的乡村，步行景观道路的作用更为突出。设计步行景观道路，应处处体现人与自然的关系、路景与环境的关系，从材质到色彩都应很好地与当地环境融为一体。景观路面用材多选用不规则的卵石或花岗岩、吸水性强的地砖。这些材料不但能与自然风貌相结合，也有利于雨水的回渗，更方便行人观景的需要，而且还要考虑残疾人的无障碍通道。

四、电力工程规划

在乡村经济发展中，电力是基础之一，是不可缺少的资源，是乡村工农业生产、生活的主要动力和能源。这样就需要进行乡村输电与配电建设，就需要有规划和设计。乡村电力工程规划是在乡村总体规划阶段进行编制的，它是乡村总体规划的一部分。

（一）电力工程规划的内容与敷设

1. 电力工程规划的内容

乡村电力工程规划，必须根据每个乡村的特点和对乡村总体规划深度的要求来编制。电力工程规划一般由说明书和图纸组成，主要内容有：分期负荷预测和电力平衡，包括对用电负荷的调查分析，分期预测乡村电力负荷及电量，确定乡村电源容量及供电量；乡村电源的选择；发电厂、变电所、配电所的位置、容量及数量的确定；电压等级的确定；电力负荷分布图的绘制；供电电源、变电所、配电所及高压线路的乡村电网平面图。

2. 电力网的敷设

电力网的敷设，按结构分主要有架空敷设和地下敷设两类。不论采用哪类线路，敷设时应注意：线路走向力求短捷，并应兼顾运输便利；确保居民及建筑物安全和线路安全，应避开不良地形、地质和易受损坏的地区；通过林区或需要重点维护的地区和单位时，要按有关规定与有关部门协商处理；在布置线路时，应不分割乡村建设用地和尽量少占耕地，注意与其他管线之间的关系。

确定高压线路走向的原则是：线路的走向应短捷，不得穿越乡村中心地区，线路路径应保证安全；线路走廊不应设在易被洪水淹没的地方和尽量远离空气污浊的地方，以免影响线路的绝缘，发生短路事故；尽量减少线路转弯次数；与电台、通信线保持一定的安全距离，60 kV 以上的输电线、高于 35 kV 的变电所与收讯台天线尖端之间的距离为 2 km；35 kV 以下送电线与收讯台天线尖端之间的距离为 1 km。

钢筋混凝土电杆规格及埋设深度一般在 1.2 m 到 2.0 m 之间。当电杆高度为 7 m 时，埋深为 1.2 m；高度为 8 m 时，埋深为 1.5 m；高度为 9 m 时，埋深为 1.6 m；高度为 10 m 时，埋深为 1.7 m，高度为 11 m、12 m、13 m 时，其埋设深度分别为 1.8 m、1.9 m、2.0 m。

电杆根部与各种管道及沟边应保持 1.5 m 的距离，与消火栓、贮水池的距离等应大于 2 m。

直埋电缆（10 kV）的深度一般不小于 0.7 m，农田中不小于 1 m。直埋电缆线路的直线部分，若无永久性建筑时，应埋设标桩，并且在接头和转角处也应埋设标桩。直接埋入地下的电缆，埋入前需将沟底铲平夯实，电缆周围应填入 100 mm 厚的细土或黄土，土层上部要用定型的混凝土盖板盖好。

（二）变电所的选址

变电所的选址，决定着投资数量、效果、节约能源的作用和以后的发展空间，并且应考虑变压器运行中的电能损失，还要考虑工作人员的运行操作、养护维修方便等。

变电所选址应符合以下要求：①便于各级电压线路的引入或引出。②变电所用地尽量不占耕地或少占耕地，并要选择地质、地理条件适宜，不易发生塌陷、泥石流等的地方。③交通运输方便，便于装运变压器等笨重设备。④尽量避开易受污染、灰土或灰渣、爆破作业等危害的场所。⑤要满足自然通风的要求。

五、电信工程的规划

乡村电信工程包括电信系统、广播和有线电视及宽带系统等。电信工程规划作为和美乡村总体规划的组成部分，由当地电信、广播、有线电视和规划部门共同负责编制。

（一）通信线路布置

电信系统的通信线路可分为无线和有线两类，无线通信主要采用电磁波的形式传播，有线通信由电缆线路和光缆线路传输。

通信电缆线路的布置原则：一是电缆线路应符合乡村远期发展总体规划，尽量使电缆线路与城市建设有关部门的规划相一致，使电缆线路长期安全稳定地使用。二是电缆线路应尽量短直，以节省线路工程造价，并应选择在永久性的道路上敷设。三是主干电缆线路的走向，应尽量和配线电缆的走向一致、互相衔接，应在用户密度大的地区通过，以便引上和分线供线。在设计多电信部门制电缆网络时，用户主干电缆应与局部中继电缆线路一并考虑，使线路网有机结合，做到技术先进、经济合理。四是重要的主干电缆和中继电缆宜采用迂回路线，构成环形网络以保证通信安全。环形网络的构成，可以采取不同的线路。线路网的整体性和系统性，应根据实际情况，既可在工程中一次形成，也允许在以后的扩建工程中逐渐形成。五是对于扩建和改建工程，应首先考虑合理利用原有线路设备，尽量减少不必要的拆移而使线路设备受损。如果原电缆线路不足，宜增设新的电缆线路。电缆线路的选择应注意线路布置的美观性。在同一电缆线路上，应尽量避免敷设多条小对数电缆。六是注意线路的安全和隐蔽，应避开不良的地质环境地段，防止复杂的地下情况或有化学腐蚀性的土壤对线路的影响，防止地面塌陷、滑坡、水浸等对线路的损坏。七是为便于线路的敷设和维护，应避开与有线广播和电力线的相互干扰，协调好与其他地上、地下管线的关系，保证与建筑物间最小间距的要求。八是应适当考虑未来可能的调整、扩建和割接，留有必要的发展调整空间。

但在下列地段，通信电缆不宜穿越和敷设：一是今后预留发展用地或规划未定的地区。二是电缆长距离与其他地下管线平行敷设，且间距过近，或地下管线和设备复杂，经常有挖掘修理易使电缆受损的地区。三是有可能使电缆遭受到各种腐蚀或破坏的不良土质、不良地质、不良空气和不良水文条件的地区，或靠近易燃、易爆场所的地带。四是采用架空电缆，会严重影响乡村中主要公共建筑的立面美观或妨碍绿化的地段。五是可能建设或已建成的快车道、主要道路或高级道路的下面。

（二）广播电视系统规划

广播电视系统是语音广播和电视图像传播的总称，是现代乡村广泛使用的信息传播工具，对传播信息、丰富广大居民的精神文化生活起着十分重要的作用。广播电视系统分有线和无线两类。尽管无线广播已日益取代原来在乡村中占主导地位的有线广播，但为了提高收视质量，有线电视和数字电视正在现代城镇和乡村中逐步普及，已成为乡村居民获得高质量电视信号的主要途径。

有线电视与有线电话同属弱电系统，其线路布置的原则和要求与电信线路基本相同，所以在规划时，可参考电信线路的设置与布局。

此外，随着计算机互联网的迅猛发展，网络给当代社会和经济生活日益带来巨大的变化。随着网络技术和宽带网络设施的不断完善，计算机网络在乡村各行各业和日常生活中的应用越来越广泛。这就要求在编制乡村电信规划时，应对网络的发展给予足够重视并留有充分的空间余地。

六、乡村燃气规划

实现民用燃料气体化是乡村现代化的重要标志，西气东输工程的全线贯通，为实现这一目标奠定了物质基础。

乡村燃气供应系统是供应乡村居民生活、公共福利事业和部分工业生产的工程设施，是乡村公用事业的一部分，也是和美乡村建设的一项重要基础设施。

（一）燃气厂的厂址选择

选择厂址，一方面要从乡村的总体规划和气源的合理布局出发，另一方面也要从有利于生产生活、保护环境和方便运输着眼。

气源厂址的确定，必须征得当地规划部门、土地管理部门、环境保护部门、建设主管部门的同意和批准，并尽量利用非耕地或低产田。

在满足环境保护和安全防火要求的条件下，气源厂应尽量靠近燃气的负荷中心，靠近铁路、公路或水路运输方便的地方。

厂址必须符合建筑防火规范的有关规定，应位于乡村的下风方向，标高应高出历年最高洪水位 0.5 m 以上，土壤的耐压一般不低于 15 t/m^2，并应避开油库、桥梁、铁路枢纽站等重要战略目标，尽量选在运输、动力、机修等方面有协作可能的地区。

为了减少污染，保护乡村环境，应留出必要的卫生防护地带。

（二）燃气管网的布置

燃气管网的作用是安全可靠地供给各类用户具有正常压力、足够数量的燃气。布置燃气管网时，不仅应满足使用上的要求，而且要尽量缩短线路长度，尽可能地节省投资。

乡村中的燃气管道多为地下敷设。所谓燃气管网的布置，是指在乡村燃气管网系统原则上选定之后，决定各个管段的位置。

燃气管网的布置应根据全面规划，远、近期结合，以近期为主，做出分期建设的科学安排。对于扩建或改建燃气管网的乡村则应从实际出发，充分发挥原有管道的作用。燃气管网的布置应按压力从高到低的顺序进行，同时还应考虑下列问题：

燃气干管的位置应靠近大型用户。为保证燃气供应的可靠性，主要干线应逐步连成环状。

管道的埋设方法采用直埋敷设。但在敷设时，应尽量避开乡村的主要交通干道和繁华的街道，以免给施工和运行管理带来困难。

低压燃气干管最好在小区内部的道路下敷设，这样既可保证管道两侧均能供气，又可减少主要干道的管线位置占地。

燃气管道应尽量少穿公路、铁路、沟渠和其他大型构筑物。单根的输气管线如采取安全措施，并经主管部门同意，允许穿越铁路或公路。其管线中心线与铁路或公路中心线交角一般不得大于60°，并应尽量减少穿越处管段的环形焊口。当穿越铁路地段的车站时，其穿越位置一般应位于车站进站信号机以外。当穿越铁路的钢管为有缝钢管时，管子必须逐根进行试压，经检查合格后方能使用。

燃气管道穿越河流或大型渠道时，可随桥架设，也可采用倒虹吸管由河底或渠底通过。如不随桥设置或用倒虹吸管时，可设置管桥架设。具体采用何种方式，应与乡村规划、消防等部门，根据安全、市容、经济等条件统筹考虑决定。但是，对输气管公称压力 P≥1.6 MPa 的管线，不得架设在各级公路和铁路桥梁上。对于 P < 1.6 MPa 的管线，如果采取了加强和防震等安全措施，并经主管部门同意后，可允许敷设在县级以下公路的非木质桥梁上。但是，桥上管段的全部环形焊口应经无损探伤检查合格。

燃气管道不准敷设在建筑物的下面，不准与其他管线平行地上下重叠，并禁止在高压电线走廊，动力和照明电缆沟道，各类机械化设备和成品、半成品堆放场地，易燃易爆和具有腐蚀性液体的堆放场地敷设。输气干线不得与电力、电信电缆及其他管线敷设在铁路或省级以上公路的同一涵洞内，也不得与电力、电信电缆和其他管线敷设在同一管沟内。

管线建成后，在其中心线两侧各 5 m 处划为输气管线防护地带。在防护地带内，严禁种植树木、竹子、芦蒿、芭茅及其他深根作物，严禁修建任何建筑物、构筑物、打谷场、晒坝、饲养场等，严禁采石、取土和建筑安装工作。对于水下穿越的输气管线，其防护地带应加宽至管中心线两侧各 150 m。在该区域内严禁设置码头、抛锚、炸鱼、挖泥、掏砂、拣石，以及疏浚、加深等工作。

输气管与埋地电力、电信电缆交叉时，其相互间的交叉垂直净距不应小于 0.5 m；与其他管线交叉垂直净距不应小于 0.2 m。

七、传统建筑物保护规划

地域特色鲜明、乡土气息浓郁、建筑技术精湛的乡村古建筑，是我国悠久历史和灿烂文化的物质见证，是千年农业文明的缩影。开展和美乡村创建活动，应做好这些乡村古建筑遗产的保护工作。对乡村古建筑物进行保护规划，要遵循如下原则：

（一）人与自然和谐的原则

在和美乡村建设中要避免破坏古建筑的生态环境。同时，要使古建筑的整体格局和当地有形或无形的传统文化相协调，给人以古朴和谐的感觉。

（二）尊重历史的完整性和真实性的原则

对古建筑、桥梁、水系、街道的维修要修旧如旧，充分显现古建筑原来的面貌，还要处理好古建筑与现代民宅的矛盾。

（三）保护与利用相统一的原则

保护是为了永续利用。古建筑的保护主要面向可持续发展的旅游业，要能接待国内外游客游览，所以定位要准，文化品位要高。

（四）统筹规划与因地制宜相结合的原则

古建筑的保护和利用要与村镇规划相结合，统筹考虑，在不破坏古建筑原貌的情况下，因地制宜，采取不同措施，使保护工作与和美乡村的发展相互协调，相得益彰。

（五）合理整合资源的原则

对那些濒危的古建筑、桥梁、水系、街道和濒临消亡的乡风民俗、传统工艺、民间艺术等要采取有力措施，抓紧时间，给予"抢救式"保护；对那些相对集中或较为分散的资源要分别采取不同方法和措施加以保护。

项目二 **和美乡村的公共服务设施规划**

一、教育设施规划

教育设施是做好教育的基石。条件优越的乡村，均在一定程度上配备了相应的教育设施，其主要宗旨是提升乡村的教育质量。

（一）中小学教育设施规划

在国内的大多数中小学中，建筑构成主要是教学建筑和办公建筑，并且配备室外操场和一定的体育设施。经费充足的中小学还规划有礼堂、健身房等场地。据统计，我国中小学教学行政建筑面积，小学约为 2.5 m²/生，中学约为 4 m²/生。

1. 教室规划

学生的课桌排列方式在很大程度上影响了教室面积的大小。从保护学生视力的角度出发，第一排课桌应至少距离黑板 2 m，最后一排的课桌距离黑板应当小于 8.5 m。横排的座位数应当小于 8 个，以避免左右两边的座位过于偏僻。教室的规划还应当考虑到安全问题，当遇到紧急情况时，教室要有应急疏散通道，应当设置前后两个门，门宽不小于 0.9 m。为了保证采光充足，窗户的采光面积需要达到教室面积的 1/4～1/6。窗户下部可以设置固定窗扇或者中悬窗扇，最好使用磨砂玻璃，这样室内的学生很难看到窗外的情景，以避免上课时分散注意力。

在我国中学教育阶段，开设了化学、物理和生物等课程，这些课需要开展一定的实验辅助教学。因此相关实验室在中学中需要进行合理规划。实验室的建筑面积通常是 70～90 m²。实验准备室一般是 30～50 m²，实验室内应当设置实验准备桌、实验台及需要用到的仪器、药品等。而图书阅览室也是一个重要设施，其面积设置应当考虑到学校的规模大小和学生阅览的方式。如果学校是中等规模，则阅览室通常设置为 50个座位的规模，每个座位大小为 1.4～1.5 m。宽度上，阅览室应和教室保持一致，避免房间长度过长。

2. 体育运动场所规划

根据场地条件不同，田径跑道周长可以设置的范围为 200～400 m，其间以 50 m 递增。小学适宜的跑道周长为 200～300 m，而中学则适合采用 400 m 的跑道。运动场长轴适宜安排为南北向，弯道为半圆式。足球场通常设置在田径场地内部，根据需求的不同有大型和小型之分，大型足球场长宽为（90～120）m×（45～90）m；小型足球场则为（50～80）m×（35～60）m。篮球场地标准为28×15 m，长度可以适当增减，在篮球场地上空7 m之内，避免设置障碍物，球场的长轴设置为南北方向。

3. 平面组合形式

在详细规划了学校内部各功能区之后，要对所有建筑进行平面组合，主要是对教室区、办公区及实验室三部分进行合理布置。对于学校建筑来说，教学区是主体，设置教室数量时应当根据学制班级数量和招生规模来确定。办公区包括教学办公和行政办公两部分，办公室的开间进深往往较小。实验室面积比教室稍大。

（二）幼儿园平面布局设计

1. 幼儿园的类型

托儿所和幼儿园是针对不同年龄阶段的婴幼儿所规划的两种建筑，具体分类如下（如表4.2－1所示）。

表4.2－1　托幼机构分类

分类	开设班级	适龄范围
托儿所	哺乳班	初生～10个月
	小班	11个月～18个月
	中班	19个月～2岁
	大班	2～3岁
幼儿园	小班	3～4岁
	中班	4～5岁
	大班	5～6岁

2. 托幼建筑的规划设计

由于托幼建筑是针对婴幼儿开办的，因此最好位于小区中心，方便家长接送和近距离地照顾婴幼儿。幼儿园和托儿所的场地半径最好小于500 m，以避免交通干扰。由于婴幼儿生理十分脆弱，因此托儿所和幼儿园要保证充足的日照、良好的通风、干燥的场地和适宜的环境气候。只有保证了这些适宜条件，才有利于婴幼儿的身心健康发展。托幼建筑内部设施与外部条件均要满足相关卫生防护标准，远离污染源，并且具有排污、供电和供水等措施。

3. 平面组合设计

幼儿园用房功能结构图（如图4.2－1所示），展示了幼儿园不同用房的功能结构和相互联系。根据不同的功能分区，幼儿园大致分为两个部分：一个是儿童活动区，一个是办公后勤区。前者包含了儿童的活动单元、公共音体教室和公共室外活动场地等。办公后勤区则包括值班室、行政办公室、厨房、杂物院和洗衣房等。幼儿园的人流路线应与运送垃圾和杂物的路线分开，以保证幼儿的活动安全。托幼建筑平面规划的主要要求是不同类型的房间做到功能层次清晰、架构合理，所有功能房间都应注重良好的光照、通风和朝向，为幼儿提供良好的室内环境。并且注意对婴幼儿进行卫生保健服务与安全防护，避免儿童私自外出，防止其靠近洗衣房、后厨等不熟悉的、具有一定危险的地带。为了顺应儿童的审美特点，不同的建筑可以通过空间组合设计为儿童喜爱的活泼形象，色彩也选择明亮活泼的颜色以吸引幼儿的兴趣。

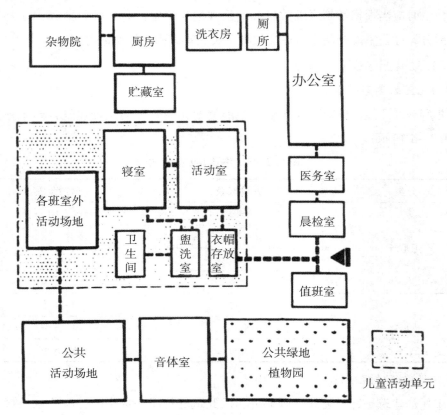

图 4.2-1　幼儿园用房功能结构图

二、医疗设施规划

完善的医疗设施规划能为乡村居民的健康保驾护航。因此，乡村建设者不可忽视对乡村医疗设施的规划建设，以便为乡村居民谋福利。

（一）村镇医院的分类与规模

根据我国村镇的实际状况，医疗机构可以依据村镇人口规模大致分为三类：中心卫生院、乡镇卫生院和村卫生服务站。中心卫生院一般设置在中心集镇处，乡镇卫生院设置在普通的集镇上，村服务卫生站设置在中心村中。中心卫生院是村镇三级医疗机制的加强机构，我国当前各县区所管辖的场地范围都较大，因而自然村的居民分布也较为分散，交通并不方便，这样会造成医疗机构的需求加大，此时在原有的卫生院基础上加强变成中心卫生院，来帮助分担一些县级医院的任务，这样有助于满足大量的医疗需求。中心卫生院规模比县医院小，但比普通卫生院大。如表4.2－2所示，展示了村镇不同级别医院的大致规模。村卫生服务站在村镇三级医疗体制中属于基层机构，承担了本村的卫生宣传、计划生育等多方面工作，也将医疗卫生的任务落实到基层。村卫生服务站的规模较小，每天门诊人数不超过50人。

表4.2－2　村镇各级医院规模

医院名称	病床数/张	门诊人次/天
中心卫生院	50～100	200～400
乡镇卫生院	20～50	100～250
村卫生服务站	1～2（观察床）	50

（二）建筑的组成与总平面布置

村镇医院按建筑场地通常分为四个功能部分。一是医疗部分，这一部分承担了医疗需求的主要功能，包含住院部、门诊部和检验部等。二是后勤供应部分，包括洗衣房、餐厅和药品制剂室等。三是行政管理部分，包括医院管理层所需使用的各种办公室。四是职工生活部分，若医院的职工较多，应当设立专门的职工生活区。

医院建筑的平面布局主要有分散布局和集中布局两种。分散布局的主要优点是功能分区清晰，较为合理，不同的建筑物之间形成了较好的隔离，便于设置良好的通风和朝向；在进行建筑施工时，方便结合地形，也可以分期施工。而分散布局的缺点是交通线路较长，不同功能结构之间联系不方便，增加了医护人员的交通负担，且布局相对松散，所占面积也较大，布置水电管道较长。与之相对的集中布局则是将医院内用房集中安排在一幢建筑物之中，这种布局的优点是内部联系方便，便于管理各个医疗设备，若有急诊患者需要进行急救措施时，有利于节省时间，所占面积比分散布局要小得多，一定程度上节约了建筑资金。缺点则是各个部分可能造成干扰。

（三）医院各建筑的规划要点

门诊部主要由诊室、辅助治疗室、公共部分和行政办公等区域组成。门诊部的建筑层数应当保持在一到两层。如果安排为两层，就诊需求比较高的科室应安排在底层，方便患者就医。合理规划不同科室之间的连接路线，避免出现人流拥挤，导致出现安全问题。若门诊量较大，要把门诊入口和医院入口进行区分设置，候诊面积也要合理设置，具体规模根据就诊需求、当地情况来分析。在门诊部中，诊室是实现门诊功能的重要组成部分，一个设计合理的诊室，可以极大地提高门诊部的功能效益和经济效益。因此对于诊室的面积形状和内部设置都要详加考虑，诊室平面规划图（如图4.2－2所示）展示了一些较为适用的诊室平面规划。

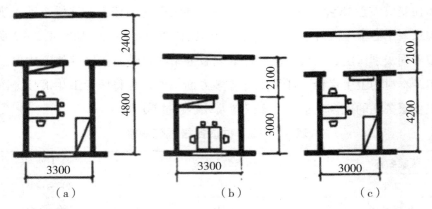

图 4.2 - 2　诊室平面规划图（单位：mm）

住院部通常由病房、卫生室、护士办公室等部分组成，病房是承担患者住院的主要功能部分，和门诊部的展示一样，病房同样应当具备良好的采光、通风和隔音条件。病房的尺寸应当设计合理，具体要和床位数结合分析。当前我国村镇医院大多布置为四人间和六人间的病房。随着城镇经济的发展，为了满足人民群众的医疗需求，可以多设置一些三人间和两人间的病房以提高病人的居住满意度，提升治疗效果，避免患者之间产生干扰。对于有传染性疾病的患者或重症患者应当单设房间。病房内患者的床位应当摆放在平行于外墙的地方，这样能够避免阳光直射，同时还能使患者欣赏到窗外的景观，利于舒展患者心情。

三、商业设施规划

在乡村做好商业设施规划，能够在一定程度上提升乡村居民的购物体验、生活质量，并能让乡村居民充分享受到乡村的生活乐趣。

（一）村镇商业设施

村镇商业建筑大致可以分为村镇供销社建筑、集贸市场建筑和小型超市建筑三类。

1. 村镇供销社建筑

供销社的作用是向农民出售商品，并收购农民生产的农副产品，具备销售和收购双重功能。供销社由商品仓库、门市部、行政部、职工生活部及车库等部分组成，其中商品仓库包括了农副产品仓库和出售的商品仓库。供销社的门市部可以根据商品的种类分为食品蔬果部、肉食水产部、文化用品部、生活煤炭部、五金交电部和服装百货部等。收购农副产品的部门可以设在相关部门中，也可以单独设置。

2. 集贸市场建筑

集贸市场近年来才发展起来，是一种新兴的市场交易形式，通常分为农贸市场和小商品市场。农贸市场中大多出售农民的农副产品，如蔬菜、水果、肉食、水产和蛋禽等。小商品市场中除了销售从城市中购买的商品，如服装等，还出售本地农民自己制作的民间工艺品。从某种意义上说，集贸市场是对村镇供销社的一种补充，它具有灵活方便、营业时间长的特点，因而广受欢迎，发展前景也较为广阔。

3. 小型超市建筑

小型超市比前两种建筑更具有灵活性，通常货品也比较齐全，包括日常生活所用到的各类日用品，还有烟酒副食。其一般距离居民的住宅区较近，因而十分便于人们的生活需要。

村镇内设置的小型超市往往出售各类小百货和食品，是一种综合性的自选商店。小型超市在陈列商品时应当充分考虑顾客的视角问题，避免某些商品放置在极为偏僻、难以让顾客找到的角落，导致商品滞销。小型超市的入口应设置在流量较大的街道上，入口较宽，而出口较窄，利于吸引顾客进入。在设计顾客的流动方向路线时，也要注意保持通道的畅通。食品小超市应当将食品摆放在离路口较近的位置及显眼的地方，便于吸引顾客购买。

（二）小商场设计

1. 营业厅设计

商场主要出售货品的地方就是营业厅，因而在设计时要考虑到空间的合理分布，创造出较好的商业环境，并且合理安排商品的摆放以尽量提高商品销售额。对于挑选余地比较小、数量较大的商品，例如日用百货食品等可以布置在商品营业厅的底层，并且靠近入口处，这样可以方便顾客选购；而对于贵重的商品则应布置在人流量较少的地方，以提高其安全性；体积大而重的商品，应摆放在货架底层。营业厅和库房之间距离不宜过远，要便于管理，其交通线路要设计合理，尽量和人流多的地方岔开，以免拥挤。营业厅还要注意和其他用房，例如职工宿舍等采取一定措施分隔开来，这样做的目的是保证营业厅安全。小商场内往往没有设置室内厕所，地面装饰材料要注意选用防滑、耐磨、防潮的材料。注意营业厅的通风与采光。营业厅应选用较为开阔的空间，避免过于狭长，造成人流量过多时顾客拥挤，难以购买商品的情况。如果营业厅楼上设置了员工宿舍或者办公室，此时底层的营业厅应当设立柱子，柱子要符合结构受力的相关要求，同时还要和营业厅中货架柜台的摆放相适应。规划营业厅的另一个关键环节是柜台的布局。在柜台中操作的营业员及活动宽度，应当大于 2 m，柜台宽度大约是 0.6 m。营业员走道应当设置为 0.8 m，货架宽度应当为 0.6 m，对于顾客来说，通道的宽度至少大于 3 m。柜台的布局有三种形式，即单面布局柜台、多面布局柜台及中间活动室布局柜台。

2. 橱窗的设计要点

橱窗的作用是陈列观赏性的商品，是商业建筑的重要标志。橱窗的数量和大小应当根据商场的规模性质、地理位置及建筑构造等多方面情况考虑。出于安全的需要，橱窗面积不应做得过大，而橱窗朝向应以南向或东向为宜，这样做是为了避免日晒过强造成的光污染。如果确有特殊陈列的需求，也应适当布置，橱窗内部、橱窗内墙应当封闭。应设置一扇小门，便于工作人员出入橱窗。橱窗的剖面类型一般分为内凹式橱窗、外凸式橱窗和混合式橱窗。外凸式橱窗向室外凸出，有利于节省室内面积。内凹式橱窗完全设置在商场室内，这样做的优点是规划较为简单，缺点是占据了商场的有效面积。混合式橱窗中和了前两种形式的橱窗，设置在主体建筑外墙中，并且向室外突出一部分。这种橱窗设计类型在村镇的商业建筑中使用较为广泛，结合了前两种的优点。

3. 库房的设计

商品库房面积大小应当依据所出售的商品种类来确定。库房和营业厅联系密切，其设计目标也要从便于工作人员及时补充商品的角度来规划，库房大门要进行合理的设置，库房内部注重空间的利用率。另外需要注意的是，一定要做好防火、隔热、防潮、防虫和防鼠等安全措施，以保证商品的质量和安全。营业厅和库房之间的相对位置可以有分散式布置、集中式布置和混合式布置等。分散式布置是指库房或营业厅进行交叉安排，这样便于随时对商品进行补充，但缺点是库房之间难以进行相互调节。集中式布置和分散式相反，是指库房和库房集中在一起，这样便于管理，商品摆放位置也可以进行相互调节。混合式布置则是结合了分散式和集中式两种的优点。

四、文化娱乐设施规划

乡村中，做好文化娱乐设施规划，能让乡村居民充分享受美好的休闲时光。而在另一个层面上，文娱设施的存在目的，也是向乡镇居民们普及知识、组织文娱活动和推广各类农用技术。

村镇文化娱乐设施是村镇建筑规划的重要一环，主要作用是便于各级政府向广大农民群体普及科学知识、进行宣传教育，以及开展各类文化娱乐活动。村镇文化娱乐设施是两个文明建设的重要组成部分，其设计通常具有以下几个特征。

知识性和娱乐性。一些常见的文娱设施有图书馆、文化站和影剧院等。和学校不同，文化站组织学习往往并不正规，而更多的是采用较为灵活自由的学习方式。文化站还设有多种文体活动，尽可能地提高娱乐性，在有限的范围内最大程度地满足各个年龄阶层的农民学习和娱乐需求，比如阅览室、舞厅、表演厅和棋牌室等。

地方性和艺术性。村镇文娱设施建筑不仅要求功能布局要十分合理，而且其造型也要活泼新颖、美观大方，具有鲜明的地方性乡村特色。

综合性和社会性。村镇文娱场所举办的活动丰富多彩，最重要的是向全体居民开放。

（一）影剧院组成及规模

影剧院往往包括电影院和戏剧院，属于表演用房。这里简要论述影剧院的组成及其规划设计要点。

按照其功能，可以将影剧院建筑组成划分为几个部分：一是观众用房，主要包括观众休息厅、休息廊等。二是舞台部分，包括舞台、侧台和化妆室等。三是放映部分，包括放映室、照片室和派电室等。四是管理部分，包括办公人员的管理区及宣传栏等。观众厅地面应当设计有适当的坡度，座位的排列也要符合一定的技术需求。观众厅装饰材料和墙面材料要保证所形成的音质质量。应当设置必要的通风换气设施，保证空气质量。同时要设置适当数量的出入口，以保证在发生意外情况时，满足安全疏散的要求。

乡镇影剧院中的舞台形式通常为箱形。其组成部分为基本台、侧台、舞台上空、台唇及台仓等。观众厅内部音质设计应当满足使每一位观众都可以听得清的要求，主要从音响度、声音清晰度和声音丰满度等多个方面来进行音质设计。

（二）文化站平面布局形式

文化站平面布局形式通常有集中式布置和分散式布置两种。集中式布置就是把娱乐活动用房、表演用房、学习用房等多种用房集中布置在一幢建筑物中。集中式布置的功能区十分紧凑，优点是可以节约能源，建筑造型丰富多变，空间灵活，充满变化。分散式布置就是把舞厅、表演厅等声音较大的部分进行单独规划，以减少各个用房之间的相互影响干扰，但也在一定程度上导致了各单元之间交流联系不便。

思考题

1. 和美乡村的基础设施规划有哪些？
2. 和美乡村的公共服务设施规划有哪些？

模块五　和美乡村聚落与
农业景观规划

学习目标

知识目标：

乡村聚落景观、农业景观是当前农村中普遍存在的形式。从根本上而言，乡村就是村民群体聚集在一起逐渐形成的。"聚落"一词在《史记·五帝本纪》中已经出现："一年而所居成聚，二年成邑，三年成都。"注曰："聚谓村落也。"《汉书·沟洫志》则云："或久无害，稍筑室宅，遂成聚落。"聚落包括房屋建筑、街道或聚落内部的道路、广场、公园、运动场等活动场所，供村民洗涤饮用的池塘、河沟、井泉等水源，聚落内的粮田、菜地、果园、林地、空地等。乡村聚落是乡村景观的一个重要组成部分，是视觉所能直接达到的，其形态的发展与演变对乡村整体的景观格局产生重要影响。本模块旨在研究乡村聚落景观、农业景观规划这两个方面的内容。

能力目标：

1. 掌握村聚落的产生、发展过程及规划策略；
2. 灵活运用乡村农业景观形态规划的原则进行乡村景观规划。

项目一　乡村聚落景观规划

一、乡村聚落景观形态构成

（一）乡村聚落的产生

众所周知，中国是世界上人类的发源地之一。大约 200 万~300 万年前，人类逐渐从自然界分离出来。但在人类聚落产生以前，最初的生活场所仍不得不完全依靠自然，人类过着巢居和穴居的生活，这些居住方式在古文献和考古遗址中均得到了证实。《庄子·盗跖》中记载："古者禽兽多而人少，于是民皆巢居以避之。昼拾橡栗，暮栖木上，故命之曰'有巢氏之民'。"《韩非子·五蠹》中也有类似的记载："上古之世，人民少而禽兽众，人民不胜禽兽虫蛇。有圣人作，构木为巢以避群害，而民悦之，使王天下，号曰有巢氏。"《孟子·滕文公》记载："下者为巢，上者为营窟。"这些充分说明了巢居和穴居两种居住方式，地势低洼的地方适合巢居，而地势较高的地方可以开凿洞窟，适合穴居。巢居和穴居成为原始聚落发生的两大渊源。

到了新石器时代，开始出现畜牧业与农业的劳动分工，即人类社会的第一次劳动大分工。许多地方出现了原始农业，尤其在黄河流域和长江流域出现了相当进步的农业经济。随着原始农业的兴起，人类居住方式也由流动转化为定居，从而出现了真正意义上的原始聚落——以农业生产为主的固定村落。

河南磁山和裴李岗等遗址是我国目前发现的时代最早的新石器时代遗址之一，距今7 000多年。从发掘情况看，磁山遗址已是一个相当大的村落。这一转变对人类发展具有不可估量的影响，因为定居使农业生产效率提高，使运输成为必要，同时也促进了建筑技术的发展，强化了人们的集体意识，产生"群内"和"群外"观念，为更大规模社会组织的出现提供了条件。在众多的乡村聚落中，那些具有交通优势或一定中心地作用的聚落，有可能发展成为当地某一范围内的商品集散地，即集市。集市进一步发展演化为城市。

原始的乡村聚落都是成群的房屋与穴居的组合，一般范围较大，居住也较密集。到了仰韶文化时代，聚落的规模已相当可观，并出现了简单的内部功能划分，形成住宅区及陶窑区的功能布局。聚落中心是供氏族成员集中活动的大房子，在其周围则环绕着小的住宅，小住宅的门往往都朝着大房子。陕西西安半坡氏族公社聚落和陕西临潼的姜寨聚落就是这种布局的典型代表。陕西西安半坡氏族公社聚落形成于距今五六千年前的母系氏族社会。其遗址位于西安城以东6 km的沪河二级阶地上，平面呈南北略长、东西较窄的不规则圆形，面积约为5万km²，规模相当庞大。经考古发掘，发现整个聚落由三个性质不同的分区组成，即居住区、氏族公墓区和制陶区。其中，居住房屋和大部分经济性建筑如储藏粮食等物的窖穴、饲养家畜的圈栏等集中分布在聚落的中心，成为整个聚落的重心。在居住区的中心，有一座供集体活动的大房子，门朝东开，是氏族首领及一些老幼群体的住所，氏族部落的会议活动等也在此举行。大房子与所处的广场便成为整个居住区规划结构的中心。

46座小房子环绕着这个中心，门都朝向大房子。房屋中央都有一个火塘，供取暖煮饭照明之用，居住面平整光滑，有的房屋分高低不同的两部分，可能分别用作睡觉和置物之用。房屋按形状可分为方形和圆形两种。最常见的是半窑穴式的方形房屋，以木柱作为墙壁的骨干,墙壁完全用草泥将木柱裹起,屋面用木椽或木板排列而成,上涂草泥土。居住区四周挖了一条长而深的防御沟。居住区壕沟的北面是氏族的公共墓地,几乎所有死者的安放朝向都是头西脚东。居住区壕沟的东面是烧制陶器的窑场,即氏族制陶区。居住区、公共墓地区和制陶区的明显分区,表明朴素状态的聚落分区规划观念开始出现。

陕西临潼的姜寨聚落也属于仰韶文化遗存,遗址面积为5万多平方米。从其发掘情况来看,整个聚落也是以环绕中心广场的居住房屋组成居住区,周围挖有防护沟。内有四个居住区,各区有十四五座小房子,小房子前面是一座公共使用的大房子,中间是一个广场,各居住区房屋的门都朝着中心,房屋之间也分布着储存物品的窖穴。沟外分布着氏族公墓和制陶区,其总体布局与半坡聚落如出一辙。

由此可见,原始的乡村聚落并非单独的居住地,而是与生活、生产等各种用地配套建置在一起。这种配套建置的原始乡村聚落,孕育着规划思想的萌芽。

（二）乡村聚落形态的类型

乡村聚落形态主要指聚落的平面形态。传统乡村聚落大多是自发形成的,其聚落形态体现了周围环境多种因素的作用和影响。尽管乡村聚落形态表现出千变万化的布局形式,但归纳起来主要有以下两大类。

1. 聚集型

在聚集型乡村聚落内,按照聚落延展形式又可分为三种形式。

（1）团状

团状是中国最为常见的乡村聚落形态,一般平原地区和盆地的聚落多属于这一类型。聚落平面形态近于圆形或不规则多边形,其南北轴与东西轴基本相等,或大致呈长方形。这种聚落一般位于耕作地区的中心或近中心,地形有利于建造聚落。

（2）带状

带状聚落一般位于平原地区,在河道、湖岸（海岸）、道路附近呈条带状延伸。这里接近水源和道路,既能满足生活用水和农业灌溉的需要,也能方便交通和贸易活动的需要。这种乡村聚落布局多沿水陆运输线延伸,河道走向或道路走向成为聚落展开的依据和边界。在地形复杂的背山面水地区,联系两个不同标高的道路往往成为乡村聚落布局的轴线;在水网地区,乡村聚落往往依河岸或夹河修建;在黄土高原,乡村聚落多依山谷、冲沟的阶地伸展而建;在平原地区,乡村聚落往往以一条主要道路为骨架展开。

（3）环状

环状聚落是指山区环山聚落及河、湖、塘畔的环水聚落。它也是串珠状聚落及条带状聚落的一种,有的地方称为"绕山建",这种聚落类型并不常见。

2. 散漫型

散漫型聚落只是散布在地面上的居民住宅。在我国，散村大多是按一定方向，沿河或沿大道呈带状延伸。它广泛分布于全国各地，东北称这种散村为"拉拉街"，住宅沿道路分布，偶有几户相连，其余一幢幢住宅之间均相隔百十米，整个聚落延伸达 1 ~ 4 km，个别可达 10 km 左右（如黑龙江省密山市朝阳村达 12 km）。这种布局对公共福利设施建设及村内居民活动均不方便，对机械化应用也有诸多不利。

（三）乡村聚落的景观构成

人们对于乡村聚落的总体印象是由一系列单一印象叠加起来的，而单一印象又经人们多次感受所形成。人们对乡村聚落的印象和识别很多是通过乡村聚落的景观形象获取的。美国人本主义城市规划理论家凯文·林奇在《城市意象》中把道路、边界、区域、节点和标志物作为构成城市意象中物质形态的五种元素。

林奇认为这些元素的应用更为普遍，它们总是不断地出现在各种各样的环境意象中。乡村聚落是与城市相对的，尽管两者形式各异，面貌不同，但是构成景观空间的要素是大同小异的。

1. 空间层次

当人们由外向内对典型乡村聚落进行考查时，会发现村镇景观并非一目了然，内部空间也不是均质化处理，而是有层次、呈序列地展现出来。村镇的空间层次主要表现在村周环境、村边公共建筑、村中广场和居住区内节点四个层次上。

（1）村周环境

水口建筑是村镇领域与外界空间的界定标志，加强了周边自然环境的闭合性和防卫性，具有对外封闭、对内开放的双重性，是聚落景观的第一道层次。

（2）村边公共建筑

转过水口，再经过一段田野等自然环境，就可以看到村镇的整体形象。许多村镇在其周围或主要道路旁布置有祠堂、鼓楼、书院和牌坊等公共建筑，这些村边建筑以其特有的高大华丽表现出村镇的文化特征和经济实力，使村边景观具有开放性和标志性，是展示村镇景观的重点和第二道层次。

（3）村中广场

穿过一段居住区中的街巷，在村中的核心部位，可以发现一个由公共建筑围合的广场。这个处于相对开敞的场所，由于村民的各种公共活动与封闭的街巷形成空间对比，所以是展示聚落景观的高潮和第三道层次。

（4）居住区内节点

在鳞次栉比的居住区中，还可以发现由井台、支祠、更楼等形成的节点空间，构成了村民们日常活动的场所和次要中心，可以看作聚落景观的第四道层次。

2. 景观构成

（1）边沿景观

乡村聚落边沿是指聚落与农田的交接处，特别是靠近村口的边沿，往往是人们重点处理的地区，这是环境观念所决定的，它往往表现出村落的文化氛围和经济基础。从现有资料中可以发现，村边多布置祠堂、书院等建筑，以这些公共建筑为主体或中心的聚落边沿往往表现出丰富的聚落立面和景观，如山东西南地区某村的边沿景观，如图5.1－1所示。

（2）居住区

乡村聚落中居住区具有连续的形体特征或是相同的砖砌材料和色彩，正是这种具有同一性的构成要素，才形成了具有特色的居住区景观。在聚族而居的地区，组团是构成居住区的基本单位。

组团往往由同一始祖发源的子孙住宅组成，或以分家的数兄弟为核心组成。很多农村的住宅以组团的形式出现，如山东西南地区某村，表现出聚族而居的特性，如图5.1－2所示。

图5.1－1　山东西南地区某村的边沿景观

图5.1－2　山东西南地区某村

（3）广场

乡村聚落中的广场是景观节点的一种，同时具有道路连接和人流集中的特点，它也是乡村聚落的中心和景观标志。在传统乡村聚落中，较常见的广场有商业性广场

（大理的四方街广场）和生活性广场（宏村的"月塘"广场）等。

在多数情况下，广场作为乡村聚落中公共建筑的扩展，通过与道路空间的融合而存在，是聚落中居民活动的中心场所。许多乡村聚落都以广场为中心进行布局。

（4）标志性景观

在乡村聚落周边往往散布着一些零散的景观，这些景观的平面规模不大，但往往因其竖向高耸或横向展开，加之与地形的结合，而成为整个聚落景观的补充或聚落轮廓线的中心。它们往往与周围山川格局一样成为村镇内部的对景和欣赏对象。

常见的标志性景观有吉树（也称环境树，如云南村落的大榕树）、墩、桥、塔、文昌阁、魁星楼等，这些标志性景观多位于水口和聚落周围的山上。例如，皖南西递村水口图上就有文峰塔、文昌阁、魁星楼、水口庵、牌坊等标志性景观。

（5）街巷

传统乡村聚落的街巷是由民居聚合而成的，它是连接聚落节点的纽带。街巷充满了人情味，充分体现了"场所感"，是一种人性空间。这种街巷空间为乡村居民的交往提供了必要和有益的场所，它是居住环境的扩展和延伸，并与公共空间交融，成为乡村居民最依赖的生活场所，具有无限的生机和活力。

（6）水系

乡村聚落的选址大多与水有关，除了利用聚落周围的河流、湖泊外，人们还设法引水进村。开池蓄水，设坝调节水位，不仅方便日常生活使用和消防，而且还成为美化和活跃乡村聚落景观的重要元素。例如，皖南的棠樾村就设坝调节水位；皖南的呈坎村引水入村，沿街布局，使水流经各户宅前；皖南黔宏村引水入村，并开池蓄水形成"月塘"等。

二、乡村聚落景观规划与设计

从历史的角度来看，乡村聚落的发展过程带有明显的自发性。随着城市化进程和乡村居民生活水平的提高，大批乡村聚落面临改建更新的局面。按照以往的做法，每家每户根据经济条件自行改造更新，造成乡村建筑布局与景观混乱的现象。乡村更新没能有效地保护和继承乡村聚落的固有风貌，反而造成更多景观上的新问题。

总结以往的经验教训，乡村聚落景观规划与设计一定要摆脱一家一户分散改造更新的模式，要采用统一规划、统一建设和统一管理的办法规划景观。

乡村聚落景观规划与设计的目的：一是营造具有良好视觉品质的乡村聚居环境。二是符合乡村居民的文化心理和生活方式，满足他们日常的行为和活动要求。三是通过环境物质形态表现蕴含其中的乡土文化。四是通过乡村聚落景观规划与设计，使乡村重新恢复吸引力，充满生机和活力。聚落布局和空间组织及建筑形态要体现乡村田园特色，并延续传统乡土文化的意义。

（一）乡村聚落整体景观格局

乡村聚落景观面临更新的局面，传统聚落在当今社会与经济发展中已经很难满足现代生活中的各种需要。另外，并非传统聚落的空间元素和设计手法都适用于聚落景观更新的规划与建设。尽管今天的聚落已不可能也不应该是早先的聚落，但它必定带有原有聚落的基本特征，其中的一些重要特质和优点在今天的生活环境中仍然是典范。例如，聚落与乡村环境肌理的和谐统一，可识别的村落景观标志，宜人的建筑和空间尺度及良好的交往空间等。

国外在这方面有很多成功经验，如在乡村聚落更新中，德国在创造新的景观发展和新的景观秩序时，非常注意历史发展中的一些景观特性，很好地保持了历史文化的特性，表现为以下五个方面：一是聚落形态的发展与土地重划及老的土地分配方式相吻合，使人们能够了解当地的历史及土地耕作过程（辐射型）。二是对于丧失原有功能的建筑，引入新的功能，使其重新复活。三是对外部空间的街道和广场空间进行改造，使其重新充满生机。四是在对传统建筑认识的基础上，创造了新的建筑形式与使用模式，如生态住宅。五是对已经遭到生态破坏的乡村土地、水资源，通过景观生态设计又重新找到了补救的方法。

对于需要更新改造的乡村聚落，在对其特色、价值及现状重新认识与评价之后，确定乡村聚落景观的更新方向，为聚落内在和外在的同步发展起到导向作用。例如，聚落中心的变化和边缘的扩展，都必须朝向一个共同的第三者，即不再是原来的传统聚落，也不是对城市社区的粗劣模仿。这意味着在聚落内部需要有创新的措施来适应居民当前的要求，在聚落外部则要有一个整合的计划，以使其在聚落景观结构及建筑空间上更好地与周围的景观环境及聚落中心相协调。

乡村聚落只有持续地改进其功能与形式，才能得以生动地保护与发展。聚落的发展需要表现其在历史上的延续性，这种延续性会加强聚落的景观特色及不可替代性。

因此，在乡村聚落景观格局的塑造上应该遵循以下条件：一是聚落的更新与发展要充分考虑与地方条件及历史环境的结合。二是聚落内部更新区域与外部新建区域在景观格局上协调统一。三是赋予历史传统场所与空间以具有时代特征的新的形式与功能，满足现代乡村居民生活与休闲的需要。四是加强路、河、沟、渠两侧的景观整治，有条件地设置一定宽度的绿化休闲带。五是突出聚落入口、街巷交叉口和重点地段等节点的景观特征，强化聚落景观可识别性。六是采用景观生态设计的手法，恢复乡村聚落的生态环境。

在城市化和多元文化的冲击下，乡村聚落整体景观格局就显得格外重要。乡村聚落的景观意义在于景观所蕴含的乡土文化所给予乡村居民的认同感、归属感及安全感。只有在乡村居民的认同下，才能确保乡村聚落的更新与发展。

（二）乡村建筑

乡村建筑是以传统民居为主的乡土建筑。中国具有丰富的乡土建筑形式和风格，它们无不反映着当时当地的自然、社会和文化背景。乡土建筑在长期的发展过程中一直面临着保护与更新发展的问题，但其又有着良好的传承性，使人从中把握历史的发展脉络，这种传承性直到工业文明尤其是现代主义泛滥之后才出现裂痕。

当前，城市型建筑形式不断侵蚀着乡村聚落，新建筑在布局、尺度、形式、材料和色彩上与传统聚落环境及建筑形式格格不入，乡村建筑文化及特色正在丧失。因此乡村建筑更新与发展需要统一规划，确定不同的更新方式。在乡村聚落内部，即保留的区域，乡村建筑更新与发展面临以下三种方式。

1. 保护

对于有历史或文化价值的乡村建筑，即使丧失了使用功能，也绝不可轻易拆除，应予以保护和修缮，作为聚落发展的历史见证。

2. 改建

对于聚落中一般的旧建筑，应视环境的发展及居住的需求，在尽量维持其原有式样的前提下进行更新，如只进行内部改造，以适应现代生活的需要。对于聚落中居民自行拆旧建新造成建筑景观混乱的建筑，如建筑形式、外墙装饰材料及颜色，更需进行改建，这也是目前乡村聚落中普遍存在的问题。由于经济的因素，改建很难完全与整体的聚落环境相协调，但可以改善和弥补建筑景观混乱的现象。

3. 拆除

对于无法改建的旧建筑，应予以拆除。

在乡村聚落外部，即新的建设区域，相对来说，乡村建筑具有较大的设计空间，但需要从当地传统建筑中衍生出来新的可供选择的建筑语言来替代当前普遍的、毫无美学品质的、媚俗的新建筑，这同样适用于拆村并点重新规划建设的乡村聚落。

（三）乡村聚落中的行为活动

丹麦建筑师扬·盖尔在《交往与空间》一书中，将人们在户外的活动划分为三种类型：必要性活动、自发性活动和社会性活动。对于乡村居民而言，必要性活动包括生产劳动、洗衣、烧饭等活动；自发性活动包括交流、休憩等活动；社会性活动包括赶集、节庆、民俗等活动。

在传统村镇聚落中，有什么样的活动内容，就会产生相应的活动场所和空间。

1. 必要性活动

例如，井台和（河）溪边，这里不仅是人们洗衣、淘米和洗菜的地方，而且是各家各户联系的纽带。因此，人们在井边设置石砌的井台，在溪边设置台阶或卵石，成为人们一边劳动一边交往的重要活动场所。虽然形式简单，但是内容丰富，构成了一幅极具生活情趣的景观画面。

2. 自发性活动

门前或前院是人们与外界交流的场所，路过见面总会打个招呼或寒暄几句。街道的"十字""丁字"路口具有良好的视线通透性，往往是人们驻足、交谈活动较频繁的场所，人流较多。聚落的中心或广场，有大树和石凳，成为老年人喝茶、聊天和下棋的场所，在浙江楠溪江的一些聚落还有专供老人活动的"老人亭"。对于儿童，一堆草、一堆沙和一条小溪都是儿童游戏玩耍的场所。

3. 社会性活动

供人们进行此类活动的场所并不特别普遍，它往往伴随集市等形成而出现。集市不仅是商品交易的场所，也是人们交流、获取信息的重要途径，同时还是村民休闲、娱乐的好地方。民俗活动，如节庆、社戏，由于参与的人多，必须有足够的场地，往往结合祠堂和戏台前的场地设置，成为聚落重要的公共活动场所。聚落入口不仅具有防御、出入的功能，还具有一定的象征意义，这种多功能性使之成为进行迎送客人、休息和交谈等公共活动的场所。

由此可见，中国传统聚落的场所空间与人们的行为活动密不可分。随着社会的进步和生活水平的提高，乡村居民的生活方式与活动内容发生了一定改变，传统村镇聚落的一些场所已经失去了原有功能，如井台空间，自来水的普及使人们无须再到户外的井边或河（溪）边洗衣、洗菜。对于这样一些与现代生活不相适应的空间场所，并不意味着要把它完全拆除，一方面，它是聚落发展的一个历史见证；另一方面，可以通过对井台环境的改造，使之成为休闲交流的场所，让其重新焕发活力。

现代乡村居民除了日常交往外，对休闲娱乐的需求日益增加，如健身锻炼、儿童游戏、文艺表演、节日庆典和民俗活动等，这就需要有相应的活动场所。对于新建的乡村聚落，场所空间的景观规划设计应体现现代乡村生活特征，满足现代生活的需要。

（四）乡村聚落场所空间景观

1. 街道景观

乡村聚落街道景观不同于城市街道景观，除了满足交通功能外，还具有其他功能，如连接基地的元素，居民生活和工作的场所，居民驻留和聊天的场所。街道景观规划设计既要满足交通功能，又要结合乡村街道特征，如曲直有变，宽窄有别，路边的空地、交叉口小广场及景点等，体现乡村风貌。影响街道景观的元素不仅仅是两侧的建筑物，路面、人行道、路灯、围栏与绿化等都是凸显街景与聚落景观的重要元素，因此必须把它们作为一个整体来处理。

（1）路面

大面积使用柏油或混凝土路面，不仅景观单调，而且也体现不出乡村的环境特色，因此需要根据街道的等级来选择路面材料。对于车流量不大的街道，选用石材铺装，如小块的石英石，显得古朴而富有质感；对于无人行道的街道，路面两侧边缘不设置过高的路缘石，路边侧石与路面等高或略高出路面即可。

（2）人行道

除非在交通安全上有极大的顾虑，否则人行道应尽量与路面等高或略高，通过铺装材质加以分隔或界定。材料最好选用当地出产的石材，以降低成本。

（3）路灯

灯具是重要的街道景观元素。乡村街道照明方式与城市不同，不适宜尺度过高的高杆路灯。小尺度的灯具不仅能满足照明需要，而且与乡村街道的空间相吻合，让人感觉亲切与舒适。灯具的造型也要与环境相协调，体现当地的文化特色。

（4）围栏

对于乡村环境，不宜用混凝土或砖砌的围墙。围栏应选用木材、石材或绿篱等自然材料，给人简单、自然、质朴的感觉。

（5）绿化

路面或人行道两侧与绿化交接处不用高出的侧石作为硬性分隔，而是通过灌木丛或草坪塑造自然柔性的边界。除非地形因素，一般不采用砌筑的绿化形式，如花池、花坛等。

2. 亲水空间

水空间是传统乡村聚落外部交往空间的重要组成部分，这不仅在于水是重要的景观要素，更主要的是其实用价值和文化内涵满足了生活、灌溉、消防及环境的要求。除了自然的河、溪流外，没有自然条件的聚落，也采取打井、挖塘来创造水空间。

浙江杭州滨江区浦沿镇东冠村有450多年的历史，村内散布着四个大小不一的池塘，分别为安五房大池、宣家大池、傅家大池和曹家大池，当时修建这些池塘是出于以下两个原因：几大家族为解决村民生活、生产用水而修建；环境上的需要。

随着现代乡村居民生活方式的改变，这些池塘逐渐失去了原有的功能而被废弃。然而，这些池塘的生态、美学及游憩价值并没有丧失，仍然能成为适合不同人群的交往活动场所和空间。目前，东冠村结合聚落的更新，对这些池塘进行分批改造，为居民营造多个休闲游憩的亲水空间，使其重新充满生机和活力。已经治理改建的曹家大池修建了驳岸和凉亭，成为聚落的公共活动场所，但在景观生态设计方面还相对欠缺。

对于新开发建设的乡村聚落，应根据自然条件，结合原有的沟、河、溪流和池塘设置水景，避免为造景而人为开挖建设。各式各样的水域及水岸游憩活动，都可能寻得合适的空间环境作为活动发展的依托。例如，乌溪流域乡村溪流景观游憩空间的设计，更多的是从乡村旅游的角度满足人们日趋增长的休闲游憩的需求。溪流游憩空间的设计目标应随基地环境的不同而有所差异，然而溪流环境本身具备自然资源廊道、脆弱的生态等相同的环境基本特性。因此，其整体设计目标又有共同性，即一方面能够满足游客休闲游憩的需求，另一方面能够保护溪流的生态环境。

该项目把溪流游憩活动特性总结为以下三类。

（1）水中活动

包括游泳戏水、捉鱼捉虾、溯溪和非动力划船等。

（2）水岸活动

包括急流泛舟、休息赏景、打水漂、放灯和钓鱼等。

（3）滩地活动

包括骑自行车、野餐烤肉和露营等。

在游憩项目设置上，根据不同地段溪流特性来确定具体的游憩活动。在生态环境保护上，对溪流驳岸栖地提出了改善策略，主要有改变水体状态、配置躲避空间、增减水岸遮蔽物、增加事物来源及复合处理等方式。

3. 老年活动中心

传统乡村聚落虽然有许多老年人的活动场所，但是都在室外，受气候等自然条件影响较大。如今，由于年轻人外出打工及生活水平和医疗条件的改善，现代乡村聚落中也开始出现老龄化现象，因此乡村聚落在更新时结合当地的条件设置老年活动中心是有必要的。

例如，20 世纪末，浙江柯桥镇新风村投资 270 万元修建了具有江南园林风格的村老年活动中心，面积近 6 000 m²。老年活动中心是新风村实施的一项"夕阳红工程"，集小桥流水、假山石径、楼台亭阁、鱼池垂钓、四季花木和文体设施等元素于一体，设有棋牌娱乐、影视欣赏、阅读和茶艺等项目，已成为全村重要的休闲娱乐场所。

4. 儿童场地

传统乡村聚落一般没有专供儿童娱乐的活动场所，水边、空地和庭院成为他们游戏玩耍的主要场所。乡村聚落的更新应充分考虑儿童的活动空间，满足他们的需要。儿童场地应具备相应的游戏设施，如滑梯、秋千、跷跷板、吊架和沙坑等。考虑儿童喜水的特点，可以结合浅缓的溪流、沟渠设计成儿童涉水池。如具有自然性和生态性的农用水道景观，在保证安全的前提下也能成为儿童的游憩场所。

5. 广场

服务于现代乡村居民的娱乐、节庆和风俗活动的往往是乡村聚落的广场。现代乡村聚落广场一般与聚落公共建筑和集中绿地结合在一起，并赋予更多的功能和设施，如健身场地和设施、运动场地和设施等。乡村聚落的广场必须与乡村居民的生活方式和活动内容结合起来，严禁在乡村地区效仿城市搞大型广场等工程。这种现象在一些乡村地区已有出现，广场大而空，多硬质铺装少绿化，不仅占用大量土地，而且很不实用，与乡村环境极不协调。

（五）乡村聚落绿化

绿化能有效地改变乡村聚落景观。在目前的村镇建设中，乡村聚落绿化总体水平还比较低，建设也相对比较滞后，大多数还停留在一般性绿化上，该绿的地方是绿起来了，但缺乏规划，绿化标准低，绿化档次低。乡村聚落绿化需要整体的规划设计，合理布局，不仅要为乡村居民营造一个优美舒适、生态良好的生活环境，而且也要充分利用有限的土地，最大限度地创造经济效益，增加乡村居民的经济收入。

由于地域的自然、社会和经济条件不同，乡村聚落绿化要坚持因地制宜和尊重群众习俗的原则，充分体现地方特色。乡村聚落绿化指标不能一概而论，对于有保护价值的传统聚落，要以保护人文景观为主，不能千篇一律地强调绿化覆盖率；对于旧村的更新改造，要照顾到当地的经济实力，实事求是，做到量力而行；对于新建的乡村聚落，则可以相应地提高绿化标准。

1．乡村聚落绿化类型

乡村聚落绿化类型一般分为以下四种。

（1）庭园绿化

它包括村民住宅、公共活动中心或者机关、学校、企业和医院等单位的绿化。

（2）点状绿化

指孤立木，多为观赏价值较高的"环境树"和古树名木，成为乡村聚落的标志性景观，需要妥善保护。

（3）带状绿化

带状绿化是乡村聚落绿化的骨架，包括路、河、沟、渠等绿化和聚落防护林带。

（4）片状绿化

结合乡村聚落整体绿化布局设置，主要指聚落公共绿地。

2．村民庭院绿化

目前，大多数乡村居民的庭院，绿化与庭院经济相结合，春华秋实，景致宜人，体现出农家田园特色。庭院除种菜和饲养家畜外，绿化一般选择枝叶展开的落叶经济树种，如果、材两用的银杏，叶、材两用的香椿，药、材两用的杜仲，以及梅、柿、桃、李、梨、杏、石榴、枣、枇杷、柑橘和核桃等果树。同时在房前道路和活动场地上空搭棚架，栽植葡萄、猕猴桃等。

对于经济相对发达的乡村地区，乡村庭院逐渐转向以绿化、美化为主，种植一些常绿树种和花卉，如松、柏、香樟、黄杨、冬青、广玉兰、桂花、月季和其他草本花卉。此外，还可用蔷薇、木槿、珊瑚树和女贞等绿篱代替围墙，分隔相邻两家的庭院。

屋后绿化以速生用材树种为主，大树冠如棕榈、杨树，小树冠如刺槐、水杉等。此外，在条件适宜的地区，可在屋后发展淡竹、刚竹，增加经济收入。

3. 聚落街道绿化

树种与经济树种街道绿化形成乡村聚落绿化的骨架，对于改善聚落景观起着重要作用。根据街道的宽度，考虑两侧的绿化方式，需要设置行道树时，应选择当地生长良好的乡土树种，而且具备主干明显、树冠大、树荫浓、树形美、耐修剪、病虫害少和寿命长的特点，如银杏、泡桐、黄杨、刺槐、香椿、楝树、合欢、垂柳、女贞和水杉等乔木。行道树结合经济效益考虑，可以选用银杏、辛夷、板栗、柿子、大枣、油桐、杜仲和核桃等经济树种。由于街道宽度的限制而无法设置行道树时，可以选用棕榈、月季、冬青、海棠、紫薇、小叶女贞和小叶黄杨等灌木，或结合花卉、草坪共同配置。

4. 公共绿地

公共绿地是目前许多乡村聚落景观建设的重点，各种乡村公园成为公共绿地的主要形式。公共绿地应结合规划，利用现有的河流、池塘、苗圃、果园和小片林等自然条件加以改造。根据当地居民的生活习惯和活动需要，在公共绿地中设置必要的活动场地和设施，提供一个休憩娱乐场所。除此以外，公共绿地强调以自然生态为原则，避免采用人工规则式或图案式的绿化模式。植物选择上以当地乡土树种为主，并充分考虑经济效益，以体现乡村自然田园景观。

例如，余姚市泗门镇小路下村是"宁波市园林式村庄""宁波市生态村"和"浙江省卫生村"。21 世纪初，小路下村被正式命名为首批"全国文明村"。小路下村先后兴建了"一大两小"三座绿色公园，分别是新村公园、南门公园和文化公园。

新村公园位于新建好的新村住宅区，占地约 6 700 m^2。南门公园位于该村南大门，占地为 3 300 m^2。文化公园位于村中心位置，占地面积达 33 000 m^2，投资 300 万元，是余姚市档次最高、规模最大的村落文化公园。公园以绿色为主题，有文化宫、小桥凉亭、石桌、戏台和广场等设施，有香樟、香椿、广玉兰等树木花草上百种。另外，文化公园内还有一棵高达 20 m、树龄达 150 年以上的银杏树。文化公园的建成，为广大村民和外来务工人员提供了一个休闲、娱乐和健身的高雅场所，也进一步提高了文明村和园林村的品位。

5. 聚落外缘绿化

乡村聚落外缘具有以下特点：它是聚落通往自然的通道和过渡空间；与周围环境融为一体，没有明显的界线；提供了多样化的使用功能；表达了地方与聚落的景象；是乡村生活与生产之间的缓冲区，能达到生态平衡的目的。

目前新建的大多数乡村聚落，绿化建设只注重内部绿化景观，而不注重外缘绿化景观，建筑群矗立在农业景观中，显得非常突兀，与周围环境格格不入。每幢建筑物独立呈现，与地形缺乏关联性，与田地块缺乏缓冲绿带，这是村镇建设中聚落破坏自然景观的一种突出现象。

　　乡村聚落应注重外缘绿色空间的营造，但并不是意味着围绕聚落外缘全部绿化，而是因地制宜，利用外缘空地种植高低错落的植被，并与外围建筑庭院内的植被共同创造聚落外缘景观，形成良好的聚落天际轮廓线，并与乡村的田园环境融为一体。

　　一般来说，聚落人口是外缘绿化的重点，这在传统村镇聚落景观中得到充分体现。外缘绿化一般考虑经济树种为宜，除美化环境外，还能取得较高的经济效益。为防风沙侵害，聚落外缘绿化还具有护村的作用，一般在迎主风向一侧设护村林带，护村林带可结合道路、农田林网设置。

项目二 农业景观规划

一、乡村农业景观形态构成

中国早在新石器时代就开始农业生产，是世界农业发源地之一，距今已有长达八九千年的悠久历史，中国农业曾有过许多领先于世界的发明创造。

农业景观是人类长期社会经济活动干扰的产物。在建立大的生产综合体和城市时，需要改造自然。产生这种需要的原因在于人们对土地生产力的要求在不断增长，人们力求提高过去已开发的土地的生产力，并继续开发不生产的地域和水域。

（一）演变阶段

从人文学科的角度，乡村这个特定的经济区域分为五个历史发展阶段，即原始型乡村、古代型乡村、近代型乡村、现代型乡村和未来型乡村。目前，中国乡村正处于由近代型向现代型过渡的阶段。虽然乡村的五个历史发展阶段能反映出农业景观演变的一些特征和原因，但是这不能作为农业景观演变阶段划分的依据。农业景观的演变与农业科技的发展密不可分，因此农业景观演变阶段的划分不仅要考虑社会发展史，更重要的是要结合农业发展史，这样才能更全面地分析不同历史阶段农业景观演变的原因。

从世界农业发展史来看，农业生产大体上经历了原始农业、古代农业和现代农业三个阶段，这是以农业生产工具和土地利用方式的不断改进作为划分依据的，也是农业景观演变的根本原因。据此，中国农业景观的发展演变也经历了三个阶段：首先是原始农业景观阶段，其次是传统农业景观阶段，最后是现代农业景观阶段。由于地理区位的差异，实际上三个阶段之间是相互交错重叠的发展关系。虽然现代农业时代已经到来，但是总体来说，目前中国还处于传统农业景观向现代农业景观的过渡阶段。

1. 原始农业景观阶段

原始农业是以磨制石器工具为主，采用撂荒耕作的方法，通过简单协作的集体劳动方式来进行生产的农业。中国的原始农业约有一万年的历史。当时的农业生产工具以磨制石器为主，同时也广泛使用骨器、角器、蚌器和木器。其种类包括：整地工具，如用来砍伐树木和清理场地的石斧，用来翻土和松土的石料、骨相、石铲；收割工具，如石刀、石镰、骨镰、蚌镰、蚌刀等。

原始农业对土地的利用可分为刀耕和锄耕两个阶段。刀耕或称"刀耕火种"，是用石刀之类砍伐树木，纵火焚烧开垦荒地，用尖头木棒凿地成孔点播种子；土地不施肥，不除草，只利用一年，收获种子后即弃用。等撂荒的土地长出新的草木，土壤肥力恢复后再行刀耕利用。在这种情况下，耕种者的住所简陋，年年迁徙。

到了锄耕阶段，有了石斧、石铲等农具，可以对土壤采取翻掘、破碎等加工手段，植物在同一块土地上可以有一定时期的连年种植，人们的住处因而可以相对定居下来，形成村落，为以后逐渐用休耕代替撂荒创造了条件。

在新石器时代早期，尽管已有了原始种植业和饲养业，但采集和渔猎仍占重要地位；直至新石器时代晚期，在农业相对发展、人们已经定居下来以后，采集和渔猎仍占有一定地位，这是原始农业结构的特点。

中国南北各地的新石器时代考古发掘表明，中国的原始农业不是起源于一地，而是从黄河流域和长江流域两大主要起源中心发展起来的。当时北方黄河流域是春季干旱少雨的黄土地带，以种植抗旱耐瘠薄的粟为代表；长江流域以南是遍布沼泽的水乡，以栽培性喜高温多湿的水稻为代表，它们在扩展、传播中相互交融。

到了新石器时代晚期，水稻的种植已推进到河南、山东境内，粟和麦类也陆续传播到东南和西南各地，逐渐形成中国农业的特色。原始农业景观阶段，生产水平较低，农业生产对自然条件的依赖度较高，自然化程度高。

2. 传统农业景观阶段

古代农业是使用铁、木农具，利用人力、畜力、水力、风力和自然肥料，主要凭借直接经验从事生产活动的农业。由于这一时期的农业主要是通过在生产过程中积累经验的方式来传承应用并有所发展的，所以又常称为传统农业。

中国的传统农业起源于春秋战国时期。这个阶段农业生产的突出标志是铁制农具的出现，其不仅使人类改造自然条件的能力大为增强，而且使整个农业生产方式发生巨大变化。由于开始使用铁犁牛耕，便于深耕细作，农业生产出现了一次质的飞跃。在土地利用方式上，基本上结束了撂荒制，开始走上土地连种制的道路，充分利用土地的精耕细作，种植业和养畜业进一步分离。

封建社会的小农经济为农业生产提供了有利条件。这一时期除扩大耕地面积以外，更重要的是开始实行深耕易耨、多粪肥田措施，而各地先后兴修的芍陂（安徽）、都江堰（四川）、郑国渠（陕西）等大型水利工程，大约在西汉末年开始出现的龙骨水车（翻车）等水利工具又为精耕细作提供了灌溉条件。

从秦汉到魏晋南北朝，北方旱农地区逐渐形成耕—耙—耕的作业体系，建立了一整套抗旱保墒的耕作措施。在江南经过六朝时代的开发，唐宋时适应水田地区的整地耕作要求形成耕—耙—耢的水田耕作技术体系。

唐宋以后，江南地区修筑圩田，形成水网，再用筒车、翻车提灌，做到了水旱无虞；在东南、西南的丘陵山区则修建梯田，有利于生产及水土保持。为了有效地恢复并增进地力，除倒茬轮作外，也更加注重施用肥料。

明清以后，中国的商品经济有了一定的发展，促进了粮食生产的商品化，也使全国作物生产的布局有了重要变化。在土地利用上，除通过北部和西北部的垦殖开发扩大了全国耕地之外，更重要的是由于复种和间、混、套种等多熟制的推广，提高了复种指数，传统的精耕细作技术也有了进一步的发展，从而使这个时期主要作物的单产和总产都有所增长。但在中国古代社会长期延续的历史过程中，以劳动集约为特点的农业生产技术体系终未出现质的变化，这是导致近现代农业生产落后的重要原因之一。

3. 现代农业景观阶段

现代农业是有工业技术装备，以实验科学为指导，主要从事商品生产的农业。严格意义上的现代农业阶段是在 20 世纪初采用了动力机械和人工合成化肥以后开始的，它着重依靠的是机械、化肥、农药和水利灌溉等技术，是由工业部门提供大量物质和能源的农业。现代农业在提高劳动生产率的同时，对环境的污染也日益加重，这已成为现代农业面临的迫切问题之一。

中华人民共和国成立后，中国农业才结束了发展停滞的历史，进入了传统农业向现代农业过渡的快速发展时期。

在传统农业到现代农业的转变过程中，农田景观因受人类社会经济活动干扰，发生了巨大的改变。迫于人口增长对粮食增产的需求，为提高作物产量，人们过分依赖化肥、农药等的使用，导致土壤、水体、农产品受到污染，生物多样性下降，病虫害产生抗药性，农田生态平衡失调。

随着人类环境意识和食物安全需求的加强，无污染农产品生产已经成为世界农业发展的主要趋势。以提高能量（光能、石化能等）利用率，降低化肥、农药使用量为核心，建立无污染安全生产体系成为农业科学研究的前沿和重点。农田环境及其质量是建立这一体系的基础。

在自然环境和人类活动的双重影响下，农田景观结构发生了深刻的变化。在研究农田景观演变规律及其驱动力的基础上，探索农田斑块中各种能流、物流及生物运移规律，对农业生态系统的优化、农田生态系统的科学规划具有重要的理论意义和实践价值。

随着科学技术的突破性进展及其在农业领域的成功应用，现代农业正在向持续发展农业、生态农业、基因农业、精细农业、工厂化农业和蓝色农业等方向发展。

（二）景观特征

不同阶段的农业景观特征是不一样的，具体体现在生产工具、土地利用、自然化程度、景观规模、景观多样性、物种多样性及生态环境等方面。

1. 原始农业景观特征

（1）生产工具

人类改造自然的能力极其有限，生产水平很低，农具的材料以石、骨、蚌、木为主，生产工具较原始落后。

（2）土地利用

这一阶段土地利用方式采用撂荒农作制，根据土地利用时间的长短，撂荒农作制分为"生荒农作制"和"熟荒农作制"两种，并从早期的生荒制逐步过渡到晚期的熟荒制，土地利用率较低。

（3）自然化程度

农业生产对自然条件的依赖较大，在生荒制时期，养地或土壤肥力的恢复完全依靠自然力。即使到了熟荒制时期，人力因素逐渐加强，但是仍然主要依靠自然力，自然化程度相当高。

（4）景观规模

尽管当时采用撂荒农作制的土地利用方式，加大了对耕地的实际需求，但是当时人口聚居规模较小，农业景观规模也相对较小。

（5）景观多样性

当时的农作物北方以粟为主，南方以水稻为主，后来它们各自在扩展、传播中交融。"六谷"稻米、高粱、黄豆、麦、黍（黏米）、稷（不黏）逐渐成为当时人们的主食，终于形成中国农业的特色。但当时农作物和种植物种类较少，农业景观多样性较低。

（6）物种多样性

人类改造自然的能力极其有限，人类基本上能够与大自然和谐相处，保持了自然界的生态平衡，物种也十分丰富。

（7）生态环境

由于农耕文明初期，聚落人口少，刀耕火种所清除的林地需要经过一定时间才可以恢复正常，但从长期作用效果看，并不构成对以森林资源为代表的自然环境的破坏。只是发展到后期，当人口的增长超越了森林资源所能恢复的临界点且无法恢复时，才导致"掠夺式"经营。因此，这一时期的生态环境相对较好。

2. 传统农业景观特征

（1）生产工具

春秋战国时期，冶铁业的兴起使农具出现了一次历史性的变革，铁制农具代替了木、石材料农具，从而使农业生产力开始了质的飞跃。

（2）土地利用

土地利用方式逐步废弃了撂荒制而采用连种制和其他耕作方式，土地利用率较原始农业景观阶段有所提高。

（3）自然化程度

农业科技的发展使农业生产中依靠人力的因素得到进一步加强，自然化程度逐步降低。

（4）景观规模

人口的急剧增长加大了对耕地的需求，出现了毁林开荒、围湖造田等现象，农业景观规模逐步扩大。

（5）景观多样性

战国、秦汉时期的主要蔬菜有葵、藿、薤、葱、韭五种，即《黄帝内经·素问》中所说的"五菜"。魏晋至唐宋时期，蔬菜品种不断增多，据《齐民要术》记载，当时蔬菜已达51种。之后，还从印度、泰国、尼泊尔等国及地中海引进了黄瓜、茄子、菠菜、莴苣、扁豆、刀豆等新品种。明朝中叶，还从国外引进了玉米、甘薯、马铃薯等，农作物和种植物种类的增加，使农业景观多样性急剧增加。

（6）物种多样性

由于非理性的掠夺性开发活动，严重破坏了生态平衡，导致环境质量的恶化。生物物种较原始农业阶段有所减少。

（7）生态环境

人口压力的不断加重，迫使人类向自然索取资源和空间。过度的开发超越了环境负载力，草原不断被蚕食，沙漠面积不断扩大，使自然环境中人工的烙印越来越清晰，重蹈原始农业后期森林破坏和水土流失的覆辙，自然生态环境遭到一定破坏。在农业生产方面，因为它充分利用人们丢弃的有机质废物返回农田，是一种"循环式"发展，因此农业生态系统相对比较稳定。

3. 现代农业景观特征

（1）生产工具

工业和科学技术的迅猛发展，创造了大量的现代化农业生产工具，农业机械化使生产效率得到显著提高。

（2）土地利用

现代农业的发展使大面积的集约化农田出现成为可能，土地利用率得到显著提高。

（3）自然化程度

尽管自然条件对现代农业仍有影响，但农业生产基本上依靠人力因素，自然化程度进一步降低。

（4）景观规模

集约化农业生产使农业景观规模较传统农业景观阶段的规模有明显增大，但是高科技的应用又使景观规模变小。

（5）景观多样性

农业的专门化和机械化使农业景观变得十分单调，生产量上升的代价是景观多样性的降低。

（6）生物多样性

依赖于化肥、农药以提高农业生产量，导致土壤、水体、农产品受到污染，生物多样性下降。农业的专门化和机械化也降低了生物多样性。

（7）生态环境

现代农业广泛使用化肥、农药，不仅污染了环境，加快了土壤的侵蚀，而且使各种害虫产生抗药性，造成农田生态平衡失调。

二、乡村农业景观规划与设计

（一）林果园景观规划与设计

现代林果园地是农业景观的重要组成部分，已超出传统生产意义上的果园，是集生产、观光和生态于一体的现代林果园。乡村林果园景观规划设计以乡村果树林木资源为基础，根据市场的需求，发展乡村经济，协调人与环境、社会经济发展与资源之间的关系。

1. 林果园植物

不同种类和品种的果树是果园的主要植物。果树的种类和品种是按果树区域化的要求和适地适树的原则来确定的。果园种植果树的种类可以是一种或多种，这取决于人们及市场的需求。果树的品种要良种化，以便其具有长期的竞争力。为了充分利用地力，可以在果树定植后 1～4 年，利用果树行间间种矮秆作物、瓜蔬菜等，这样不仅有利于提高果树的产量，而且可以增加果园的整体经济效益。

间作方式主要有以下三种。

（1）果树与农作物间作

如枣粮间作、果树与豆科作物间作等。

（2）果树与瓜菜间作

如葡萄与黄瓜间作，苹果与西红柿、茄子间作等。

（3）果树与牧草间作

利用果树行间为完全遮阴区，间作牧草，如果园间作紫花苜蓿等。

除了间作外，果园还可以采用立体复合栽培法，进一步提高土地利用率和经济效益。例如，在果树树冠和葡萄架下栽培食用菌，在葡萄架下种植草莓或人参等也可获得良好的经济效益。

2. 林果园景观与旅游开发

目前，各地乡村林果园资源非常丰富，加之便捷的交通，逐步开发并形成农业生态休闲旅游，成为一种乡村旅游形式。例如，台州市螺洋休闲果园规划用地为16.25公顷，包括缓坡山地和部分平地，以种植枇杷、柑橘和杨梅等果树为主，夹杂零星旱地和稻田。

近年来，随着当地经济的高速增长，人均收入和居民生活水平迅速提高，旅游经济显露出作为新的经济增长点的巨大创业潜力。因此，充分利用螺洋在台州区域经济中的自然景观优势及果树资源优势，将其转化为特色鲜明的旅游休闲产品，是很有必要的。该休闲果园规划旨在运用农业高科技手段，引进名、特、优、稀、新品种，创造景色秀丽、终年花开、四季果香、融生产经营与生态旅游于一体的大型休闲观光果园。

林果园的景观旅游开发使农业生产用地向乡村经营型游憩绿地转化，有助于实现乡村景观的社会、经济和生态效益三者的统一，更为重要的是丰富了多种经济方式发展乡村经济，提高乡村居民收入，有助于"三农"问题的解决和新农村建设。

（二）庭院生态景观规划与设计

庭院生态经济是农户充分利用庭院的土地资源，因地制宜地从事种植、养殖、农副产品加工等各种庭院生产经营，不仅增加了乡村居民的经济收入，还丰富了庭院景观。庭院经济是在传统自给自足的家庭副业基础上演变发展起来的一种农业经营形式。

目前，庭院生态模式有很多，归纳起来有以下四种模式：庭院立体种植模式；庭院集约种养模式；庭院种、养、加、沼循环模式；庭院综合加工模式。

例如，山东省西单村的庭院建设生态工程于20世纪80年代开始规划实施。根据规划，每个农户庭院占地面积为25 m×16 m，其中可利用面积272.6 m^2。庭院内部部分面积栽种蔬菜，正门到大门的走廊栽种两排葡萄，禽畜栏一般用隔层分为上下两层，上面养鸡，下面养猪，鸡粪作为下面猪的饲料。庭院前是一个16 m×4 m的藕池，藕池与畜禽栏底部相连，每天猪排出的粪便冲入藕池作为肥料。院墙外四周分别种植葡萄、丝瓜和芸豆等藤本植物。此设计保证了从地面到空中、从庭院到四周、从资源利用到经济产出和环境改善等多方面多季节综合效益的获得，实现了庭院生态系统的良性循环。

根据不同的认识阶段、经济水平和发展趋势来看，庭院景观分为三种类型，即方便实用型、经济效益型和环境美化型。

（1）方便实用型

它是农户根据自己的喜好，种植蔬菜和瓜果，除了满足自身需要，还能获得部分收入。

（2）经济效益型

这种类型的特点是农户充分利用自己的技术特长，根据市场变化组配高产高效的经济模式，如前面提到的庭院立体种养，经济效益较好。

（3）环境美化型

这种类型是将环境改造作为庭院建设的主要目标。

目前，在经济发达的乡村地区，乡村居民逐渐将环境改造作为庭院建设的主要目标，这为每户村民施展造园才能提供了发展空间。从实地调查来看，庭院景观设计还处于起步阶段，当前每户只是限于简单的硬质铺装和绿化，并没有过多的庭院绿化规划，未来有较大提升空间。

思考题

1. 乡村聚落景观形态的构成类型有哪些？
2. 如何做好乡村聚落景观的规划与设计？
3. 试做一份关于庭院生态景观规划与设计方案。

模块六 和美乡村文化建设

学习目标

知识目标：

党的十九大报告明确提出实施乡村振兴战略，党的二十大报告也提出"加快建设农业强国，扎实推动乡村产业、人才、文化、生态、组织振兴"。乡村振兴战略是党基于新时代社会主要矛盾变化的准确判断，解决发展不平衡不充分问题而做出的重大战略决策。文化是民族之魂，是国家的软实力，对于农村来说只有打造出健康向上的农村文化，才能提升乡村振兴的软实力，实现乡村文化振兴。乡村振兴要满足农民对美好精神文化生活的向往，就必须正确认识农村文化建设在乡村振兴中的重要地位。

在乡村振兴战略的实施过程中，农村文化建设具有不可替代的作用，渗透于农村精神文化生活的各个方面。一方面，农村文化建设能够提升农民的综合素质，使其掌握科学技术，促进农村经济持续快速发展；另一方面，能够促进形成和谐文明的乡风，协调各种利益关系，推动农村社会的发展进步。农村文化建设在推进乡村全面振兴过程中具有重要作用。

能力目标：

1. 了解乡风与乡村文化的内涵及特征；
2. 了解并掌握我国的农业文化遗产；
3. 明确我国农业的新分类及和美乡村旅游的规划方向。

项目一 乡风与乡村文化

一、什么是乡风

乡风即乡里的风俗或者地方风俗，这些风俗是多年以来从农村遗留下来的通俗的不成文的约定，在不同的地区之间会具有差异性。乡风还指乡村的社会风尚或乡村的社会风气，是农村地区人们长时间以来沉淀后形成的生活习惯、心理特征及文化习性而反映的农村和农民的精神风貌。一般来说，乡风还会受到地理位置、文化等因素影响。因此，人们往往会遵循自己从小耳濡目染的当地风俗，并且在短时间内很难改变。宋代诗人苏轼在《馈岁》中曾对乡风有过描写："亦欲举乡风，独唱无人和。"在苏轼诗中表达出来的，正是各地有各地的乡风，也意味着各地的文化会有所不同。

一些学者从社会学的角度分析认为，乡风是由于自然条件上的不同或社会文化上的差异，而产生的一种特定的乡村社区内人们遵守的行为模式或行为规范。具体来说，是在特定的乡村社区内人们的观念、喜好、风俗习惯、传统及行为方式等的总和，人们会在一定的时期和范围内仿效、传播这些观念风俗并使其流行起来。

乡风，也常常具有进步与落后、文明与野蛮之分。乡风的形成与发展，会受该地区乡村内的历史、传统、经济、政治、文化、生活习惯和社会教化等因素影响，并且，当某一地区的乡风形成后，会让该地区人的全部行为深受这种乡村风俗的直接影响。透过某一地区的乡风，能使人们感知到该地区百姓的思想修养程度、道德素质程度和文化品位程度。

乡风，还常常与民俗紧密联系。比如，在瑶族有一个风俗叫"鸡头敬客"，瑶族人为人朴实耿直、豪爽大方，在待客上也常常表现得诚恳热情，特别看重礼仪和友谊。当客人到来时，瑶族人会邀请客人留下来吃饭，炒当地特色菜大块肉，并把鸡头或鸭头挑出来留给客人，以表达对客人的尊重之意。孔孟礼仪也涉及社会、家庭、个人等诸多层面，如个人层面的修养：一是身体修养，它是孔孟礼仪中的基本素养，包括仪态、姿势、行走等方面。身体的修养能够让人们显得优雅、得体，并且变得更加有气质和自信。二是孔孟礼仪中更强调的是言辞修养，这包括语言的文化水平、词汇使用的适当性、意思表达的清晰度等方面，言辞的修养能够让人们更加得体、得心应手地进行语言表达，拥有更加丰富的人际关系。三是行为修养，行为修养是孔孟礼仪中的重要部分，也是人们整体形成文化水平的体现。在孔孟文化中，行为修养主要表现在礼仪、道德、品德等方面，帮助人们形成积极的人生态度和自身品质。

乡风总是在不断地传承与培育中兴起与发展，也在克服和保留中形成。新时代下的乡风，应该移风易俗，保留与发扬优秀的部分，抛弃一切糟粕。

二、什么是乡风文明

乡风文明总体上是指乡村文化上呈现的一种状态，与城市文化有所区别，并且也区别于以往农村传统文化的新型乡村文化。乡风文明，主要表现在农民的思想观念、道德修养、知识程度、素质水平、行为方式，以及人与人、人与社会、人与自然的关系等方面，是对民族文化进行继承和发扬后沉淀下来的优良传统。乡风文明摒弃了传统民俗文化中的一些落后的、消极的因素，不仅能够适应当前经济社会的发展，还能不断地发展和创新，最终形成一种积极向上、健康的社会风尚、精神面貌及文化内涵。乡风文明不仅包括乡村整体上的道德风尚和良好风气，还包括每一位村民表现出的良好思想状态、精神面貌及文化修养等。

乡风文明形成的过程是自然和历史演进的一个过程，它反映了人们当前对现代化的要求，也是人们在物质和精神需要方面想要进一步得到满足的一种体现，是一种积极向上的精神风貌。同时，乡风文明反映了时代的精神特征，是历史不断发展的成果。

乡村文明还是特定社会经济、政治、文化及道德等情况的综合反映，是特定的物质文明、精神文明及政治文明相互作用后的产物。乡风文明是随着乡村农民群众在思想、文化、道德水平上的不断提高，逐渐在农村开始形成的一种崇尚文明和科学的社会风气，也是农村地区在教育、文化、卫生和体育等事业方面，不断发展并逐步适应农村生活水平进一步提高的需求。

乡风文明的本质在于农村的精神文明建设，而解决这个问题的核心任务，是推动和引导广大农民逐渐适应当前社会的发展需要，培养新时代社会主义新农村价值理念与文明意识，以养成科学、合理、文明的生活方式。这样，有利于当地农民整体素质的提高，也有利于把他们培养成既有文化，又懂技术，还会生产经营的新型农民。

三、什么是乡村文化

乡村文化是乡村居民和乡村自然环境之间相互作用而创造出的事物及现象的总和。乡村文化，还可拆分为乡村和文化两个概念。

所谓乡村（农村），相对于城市来说，生活的居民以农业为主要经济活动，且形成了一类聚落，是以从事农业为生活来源，且人口较分散的居住地。所以，乡村相对于城市来说，也被称为"非城市化地区"。非城市化地区是指生产力已经发展到一定程度，相对独立，具备一定经济能力、文化价值和自然景观等特点的多元化地区综合体。在中国，乡村是指县城以下的农民所生活的广大地区。

所谓文化，最早来源于《易经》。在古代中国，文化是指人文教化之意。在现当代，文化常有狭义和广义之分。在广义上，文化是指人所创造出的一切物质或非物质财富的总和；在狭义上，文化用于表示一种精神财富，即非物质文化和精神文化，主要包括知识、信仰、艺术、伦理道德和风俗习惯等精神层面的东西。乡村文化很大程度上是一种源于乡村生活的文化，是一种有别于城市文化的文化。乡村文化是长期从事农业生产的乡村居民在日常生活、劳作过程中所创造出的物质和精神成果的总和，是具有浓浓的乡土气息与人文气息的文化。这种乡村文化就是农村文化，是农村社会生活中的重要组成部分，是建立在农村社会生产生活基础上的一种基层文化形式，体现了农民群众的文化素质、文化修养、价值观念、交往方式和生活方式等。

一般来说，文化具有物质和非物质两种特性。所以，乡村文化也有物质和非物质之分。乡村文化的物质方面，主要是乡村的房屋、劳动工具、服装服饰、生活工具和艺术品等外在的表现形式。真正能够体现和表达乡村文化内涵的，仍然是乡村中的非物质文化，它包括乡村的风俗习惯、乡民的信仰、乡间的道德伦理和当地的语言等。长期以来，中国是一个以农业社会为主要社会形态的国家，在广大的农村地区，积淀保存着数量丰富的非物质文化遗产，包括各种民间美术、民间戏剧、民间舞蹈、民间杂技、民间手工艺等。在这些非物质文化遗产中，不但包含着中华民族丰富的传统文化形式、审美趣味、艺术风格，还可以看到千百年来根植于民族文化基因中的中华民族特有的生产生活方式、文化传统、心理情感和精神信仰，并由此衍生出浓厚的民族归属感和认同感。非物质文化遗产以其悠久的历史文化传承和丰富的审美情趣特色与其所在地的民众生活紧密联系并代代传承，这也形成了非物质文化遗产鲜明的地域特色和文化个性。在和美乡村建设过程中，保护和发展这种鲜明的地域特色和文化个性，可以有效地避免在建设发展过程中出现的"千村一面"式的地域之间差异性的建设模糊。非物质文化遗产作为具有精神凝聚力的民族文化资源，有助于建设和美乡村文化。

乡村文化，还分为显性和隐形两类。前者主要是指传统工艺、乡俗风情、文化艺术，以及涉及村民衣食住行等物质层面的可视性文化；而后者主要是农村村民思想中的宗族和道德观念、审美和价值观念、村规民约及村落氛围等。在乡村的物质文化与非物质文化之间、乡村的显性文化与隐形文化之间所蕴藏的深刻内涵，正是乡村居民生产生活的价值观，也展现了一种乡村范围内特有的共同价值观念。

我国是传统的农业大国，农业文化历史悠久。在这样深厚的历史背景下，所沉淀的乡村文化也在不断地发展，并成为中华优秀传统文化中不可或缺的瑰宝。

乡村文化是民族的本土文化，是经过长期的历史积淀形成的。乡村文化蕴含的深刻文化价值，是中华文化在几千年的传承和发展过程中形成的结晶。当然，乡村文化并非一成不变。随着社会经济的发展，乡村文化也得到了进一步的发展。乡村居民的生活方式逐渐改变，农业耕作方式不断进步，生活条件得以改善，生活水平也有了很大提高。乡村居民的价值观念和文化素养也随之改变，使我国的乡村文化不断发展进步。

乡村文化的各类组成要素，是随着时间的推移而不断沉积下来的。所以，乡村文化往往还具备以下一些特点。

（一）自然性

与城市地区不同，乡村地区人口相对来说较少，受到工业化的影响和工业污染的程度较低，很多乡村地区仍然维持着一种当地特有且自然的原始生态环境样貌，也有着相对原始的生态环境状态。乡村的山光水色、耕作技艺和民风民俗都体现着这种人与自然和谐又统一的乡村生活形态。在乡村，人们很容易就能体会到秀美的田园和自然风光，这也是最直观呈现的一种乡村意象。例如，"中国最美乡村"婺源，以其特有的乡村景观向人们展现出一种原始自然的生态风光，同时在古徽州文化遗产的影响下，给人营造出了一幅富有意境的唯美画卷。

（二）生产性

文化不仅是人类创造的精神成果，成为一种象征符号，还是一种带有进步意义的推动力量，甚至成为一种生产力。对于个人而言，文化具有可以塑造人格、提升人们的修养和思想素质、实现个体社会化的意义和作用。对于集体而言，文化可以很好地起到带头作用，规范人们的行动方向。对于社会而言，文化总是拥有可以维系社会和促进社会进步的作用。对于国家而言，文化还起着推动国家经济发展、增强国家综合国力的作用。对于整个世界而言，文化可以很好地推动整个人类社会文明进程，使世界文明不断向前发展。回到乡村文化视角，加强对乡村文化旅游事业的开发，不仅可以拓展乡村旅游资源，丰富旅游活动的类型，还可以满足不同消费群体对乡村文化产品的需求。这样既可以改变农村一些相对落后的生产方式，提升农产品的质量和附加值，还可以提高乡村的整体经济效益。此外，一些城市先进生产力的引入，可以带动农产品加工、手工艺术品加工等行业的发展，促进乡村经济形成多元且多样的消费生产结构，为农村的经济发展注入崭新的活力。

（三）脆弱性

乡村文化往往还具有脆弱性，因为乡村文化相较于城市文化来说，是一种"弱势文化"，当经受过现代化洗礼的城市"强势文化"传播到乡村后，会对乡村本土文化造成一定的冲击。不同性质的文化因素之间总是会相互碰撞、融合和取舍，这就很容易让目前的乡村文化受到城市文化的同化和蚕食，从而导致乡村文化的没落甚至消亡。

四、什么是村规民约

村规民约，是指在传统中国乡土社会生活中村民自发形成的，内容既包括经过整理后成文的规则，还包括不成文的当地生活习惯，它是可以用来维持整个乡村稳定秩序的一项准则。村规民约的修订通常是由村委会组织，定期召集村民开会讨论，最后将得出的结果归纳并整理成文，并上报到乡镇政府或是其他管理部门批准审核和备案。已经通过并制定好的村规民约会通知全体村民发放，并在全村公示，要求村民严格遵守。

村规民约在我国悠久历史长河中，是一种存在于我国乡土社会中的介于正式制度和非正式制度之间，并在乡村中保持一定权威性的可以约束村民行为的民间行为规范。在各个历史时期，它都能够维护和巩固当时的传统乡村秩序，并发挥出一种类似"教化"的作用。

随着我国历史进程的不断发展，村规民约也从不成文阶段逐渐过渡为成文阶段。有学者认为，范仲淹制定的村规民约是漫长历史时期内最早的成文村规。而也有学者认为，在公元 11 世纪中叶，由吕大钧、吕大临等吕氏兄弟所共同制定的《乡仪》和《乡约》（历史上称为《吕氏乡约》），才是我国历史上最早且真正意义上的成文村规。

我国的现代村规民约，不仅继承了历史上传统的村规民约，还顺应了我国当前对农村地区深化改革的趋势，有助于广大农民参与乡村治理和保障其各项权益。现代村规民约正在逐步发展完善为农村新型基层管理的自治规则，是一种契约精神的外在规范体现。现代村规民约是一种村民自我约束规范的总和，即共同居住在一个村落的村民根据长期生产生活中的当地乡俗习惯和现实需求，创造出的可供村民相互约束、约定和相互监督、执行的规范。村规民约并不是由国家制定的有法律意义的规范，而是属于乡村内部自治规范，是一种在法律与道德之间摇摆的"准法"规范。它具有自治性、合法性、稳定性、自律性、地方性及一定程度上的强制性。目前，我国的村规民约也正在实践中不断发展，在加强乡村治理方面及社区法治建设方面都产生了积极作用。

项目二 **农业文化遗产**

一、二十四节气

二十四节气是我国农耕文明的产物，2016 年被纳入联合国教科文组织人类非物质文化遗产名录。二十四节气文化早已流传到世界许多地方并被人们所熟知和接受。在国际气象界，二十四节气也被称为"中国的第五大发明"。为了便于记忆和了解，人们整理了多种二十四节气歌的版本。下面列举两个版本。

版本一：

春雨惊春清谷天，夏满芒夏暑相连，秋处露秋寒霜降，冬雪雪冬小大寒。

版本二：

立春梅花分外艳，雨水红杏花开鲜；惊蛰芦林闻雷报，春分蝴蝶舞花间。

清明风筝放断线，谷雨嫩茶翡翠连；立夏桑果像樱桃，小满养蚕又种田。

芒种育秧放庭前，夏至稻花如白练；小暑风催早豆熟，大暑池畔赏红莲。

立秋知了催人眠，处暑葵花笑开颜；白露燕归又来雁，秋分丹桂香满园。

寒露菜苗田间绿，霜降芦花飘满天；立冬报喜献三瑞，小雪鹅毛片片飞。

大雪寒梅迎风狂，冬至瑞雪兆丰年；小寒游子思乡归，大寒岁底庆团圆。

二十四节气歌，让我们了解了一年当中大致的节气划分及各节气的典型物候现象。另外，我们还知道二十四节气是中国古代用于指导农事的一种历法，是根据地球绕太阳公转的轨道位置进行的一个划分。

春秋时期，人们制定了仲春、仲夏、仲秋、仲冬节气，这是节气的最初雏形；时间推移至秦汉时期，二十四节气得到完善。

二十四节气蕴含的内容十分丰富，主要有谚语、歌谣、传说等，这些内容均在一定程度上体现了传统的生产工具、生活用具等，同时，也包括与节令相关的生产仪式、民间风俗和节日文化。二十四节气充分地体现了中国古代的农业文明成果，具有较高的农业历史文化研究价值。

二十四节气，是根据太阳黄道的位置不同而制定的。从太阳春分点出发，每前行 15°，便是一个节气；待运转一周以后，又会回到春分点，这便是归年，其间运行了 360°，在这个基础上划分出了二十四节气。

二十四节气在阳历中的日期，是相对固定的。比如，立春是阳历的 2 月 3 日至 5 日范围内。如果二十四节气对应农历中的日期，就不能做出精准确定。以立春来说，最早的一天会在上一年的农历十二月十五，而最晚的一天会在正月十五。如今，人们使用的日期，并不局限于阳历，也不局限于阴历，而是阴历与阳历相结合的阴阳历。农历存在闰月的情况，以正月初一至除夕结束，可视为一年，每年的农历天数是有一定差距的，即闰年时，为 13 个月。为了规范每一年的天数，把农历纪年（以天干地支来算）每年的第一天不视为正月初一，而称为立春。从当年的立春一直到次年立春的前一天完成天数计算。

在二十四节气命名中，也是可以发现一些蛛丝马迹的。

节气划分时充分考虑了季节、气候和物候等自然现象的变化。在这些节气命名中，立春、立夏、立秋、立冬主要用于表现一年的四个季节，这便是春、夏、秋、冬。二十四节气中的春分、秋分、夏至、冬至，是站在天文层面进行划分的，其主要目的是反映太阳的高度变化遇到的一个个转折点。鉴于中国地域辽阔，存在明显的季风性气候、大陆性气候，正是这个原因，使得各地的天气、气候存在一定差异，而不同地区的四季变化上也有一定的差异。

在二十四节气中，小暑、大暑、处暑、小寒、大寒五个节气是用来反映气温变化的，它体现了一年之中不同时期的寒热程度；雨水、谷雨、小雪、大雪四个节气，则充分反映了降水情况，主要体现了降雨时间、降雪时间和降水强度；白露、寒露、霜降三个节气，则反映了水汽凝结、凝华情况，主要体现了气温逐渐下降的一个过程。当气温逐渐下降到一定程度时，水汽便会变为凝露；当气温继续下降时，则出现凝露增多，且越来越凉的现象；当温度下降到零度以下，则水汽凝华便会变为霜。

二十四节气中的小满、芒种，是用来反映相关作物的成熟与收成情况；惊蛰、清明两个节气，主要反映自然物候，尤其是惊蛰，是通过天上的初雷与地下的蛰虫（土鳖虫）复苏来表示春天的到来。

在二十四节气中，鉴于太阳周年运转，因此现行节气在公历中的日期基本不变，上半年是在每月 6 日、21 日，而下半年是在每月 8 日、23 日，仔细比对，前后并没有太大的天数差异。

总之，二十四节气表现了一种农时制度，它的历史源远流长，影响着千家万户的衣食住行，并得到了民间有力地推行和广泛地普及，具有悠久的生命力，一直流传到现在。

二、稻田养鱼

保障粮食安全是我国一项基本国策。从实践来看，单纯种粮，无法保证农民收入，而仅仅依靠国家的粮食补贴也难以调动农民种粮的积极性。因此，在保证基础粮食类的产量与种植面积的基础上，提高经济类作物的搭配共作比重，一直以来都是农业专家研究的重要课题。

稻田养鱼，是传承至今的一种生态农业技术。稻田可以为鱼类提供丰富的饵料和良好的栖息地，而鱼的日常活动能起到松土、施肥及防治水稻病虫害等作用，极大地减少了农药与化肥的使用。稻田养鱼，既能够充分节约土地资源，又可以提高稻田质量，生产出符合绿色食品生产要求的大米，有效增加乡村居民的经济效益。

稻田养鱼，能够节省大量乡村居民的劳动力、大幅度地提高经济效益。相关数据显示，在扣除人工、水产种苗和饲料等方面的成本后，每亩土地能够在农药、化肥、除草等方面节约124元以上，并且在水产品的产量、产值及改善稻米的品质提升方面有直接作用，每亩土地可增收1 300元以上。其中，稻田养鳖，每亩可增收4 132元；稻田养青虾，每亩可增收3 767元；稻田养黑鱼，每亩可增收2 200元。

稻田养鱼的运行模式，是以水稻为主、养鱼为辅而实现的一种种养产业。稻田养鱼的价值，主要由鱼的产值决定。因此，在稻田养鱼模式中，水稻品种的选择、田间管理技术都应以鱼的产量最大化为目标。根据稻鱼共生理论，可依据人工新建的稻鱼共生关系，把稻田生态逐步向有利的方向转化，使稻田达到增产、增鱼的丰收效果。在水稻增产与养鱼发展中，稻田养鱼的经营模式应以草鱼为主（50%~70%），同时搭配一些鲤鱼和罗非鱼等品种，这样有利于创造更高的经济效益。

传统的稻田养鱼模式一般选择高秆品种，可保持较深的水层。高秆品种耐瘦瘠，施用化肥反而会造成倒伏；抗病性强，可少施或不施农药；也不需要像杂交稻种植过程中的强露晒田，对稻田养鱼的鱼产量影响小。

在稻田养鱼的引领下，也陆续出现了稻田养蛙、稻田养蚌、稻田养泥鳅等模式。而这些由稻田养鱼衍生出的多条生态养殖系统，较好地解决了许多农业资源和种植方面的相关问题，可谓一举多得。

在践行稻田种养技术以后，也出现了"粮食不减产、效益翻两番"的良好局面。水稻田由单一的生态系统转变为稻、鱼、虾、蛙、鳖等复合生态系统，它们互相依赖、共同发展，实现了稻鱼（包括虾、鳖、蛙）共生的产业链模式，一则提高了土地资源与水资源的使用率；二则也提高了农民种粮的积极性。

随着乡村生态农业的快速发展，稻田养鱼等模式已展现出良好的发展势头，有助于农业产业升级和农民增收致富。

三、桑基鱼塘

在养殖生产技术方面，珠江三角洲地区一直走在全国前列，形成了以果基鱼塘、花基鱼塘和蔗基鱼塘等为代表的种类繁多、特色鲜明的基塘系统。其中最具创意和良好经济效益、社会效益的，当数桑基鱼塘。

桑基鱼塘由于其在生产上的良好生态循环而被人们所称道，成为珠三角一带独具地方特色的农业生产形式。

桑基鱼塘，是以池中养鱼或池塘种桑的形式所表现出来的一种综合种养方式。桑基鱼塘，是通过挖深鱼塘、垒高基田、塘基植桑、塘内养鱼来实现的。具体来讲，桑基鱼塘是把养蚕所产生的排泄物作为鱼的饲料，而鱼的排泄物沉在鱼塘底部变成的营养丰富型腐殖质，成为桑树与其他经济树的肥料。这种方式，既促进了种桑、养蚕与各种鱼类的养殖，也带动了缫丝等加工业的发展。桑基鱼塘模式是一种产业型、科学化的人工生态系统。

桑基鱼塘可分为三个子系统，基堤的面积与池塘水面所具有的比例，"基三塘七"居多。其中，塘基陆地子系统提供作物的初级生产品"桑叶"；淡水子系统提供初级生产品"浮游植物"，以及次级生产品"鱼"；而蚕丝子系统，即养蚕产丝。在珠三角流行着一句谚语："桑茂、蚕壮、鱼肥大，塘肥、基好、蚕茧多。"充分体现了这一循环生产过程中各环节之间的关系。

蚕丝子系统，属于水体、陆地子系统的连接环节，其中以基面种的桑叶最为普遍，这类桑叶主要用来喂蚕。蚕丝子系统除了产出丝货之外，蚕沙、蚕蛹还能投入鱼塘中，喂养池中的浮游生物和鱼；鱼的排泄物、水生物的代谢产物及其残体经过微生物的作用，能够分解出无机养分。这些养分，有的供浮游生物生长所需，有的变成塘泥，而塘泥经过熟化又回到基面，成为桑树肥料。

桑叶、蚕沙和蚕蛹、塘泥，经过不断地反复交换，从而把三个子系统融合成一个能够运转的农业生态系统，保持了生态平衡，达到了相互依存、相互促进的效果。

在系统循环往复的过程中，通过光合作用及系统外输入的有机物，补充呼吸作用和生命活动过程中所损失的能量和消耗，从而把系统的能量交换和物质循环从一个生物传达到另一个，各种资源可保持相对平衡，因而实现绿色低碳可持续发展。

由于水体子系统的层次较多，食物链较长，能量和物质的投入、输出也比较复杂。所以，桑基鱼塘中的各个子系统，同时可以形成更复杂的结构和层次。

一般来说，鱼塘的分类是按照鱼类的特性划分的，主要分为上层、中层、下层。鱼塘上层，可用来喂养鳙鱼、鲢鱼；鱼塘中层，可用来喂养鲩鱼；鱼塘下层，可用来喂养鲮鱼、鲤鱼。

鳙鱼的食物，是以浮游动物为主；鲢鱼的食物，是以浮游植物为主。而这些鱼类吃剩的饲料、蚕沙和浮游生物残骸等有机物质，会下沉到最下层，一部分变成鲮鱼、鲤鱼、底栖动物的食物，一部分经过微生物作用后，成为浮游生物的食料。

就水体子系统本身而言，也是环环相扣、互相促进的。鲩鱼的食物，主要是蚕沙、青饲料。鲩鱼排放的粪便，既有利于浮游生物生长和繁衍后代，又能为杂食性鱼类提供食物。而蚕丝子系统，除了作为陆地与水体两个子系统的传送纽带外，生产的蚕茧还能用于制成高品质丝绸制品，它们共同组成了农、牧、渔、副产业链的经济体。

桑基鱼塘被运用于乡村经济活动中，极大地带动了众多经济部门的发展，其中，以养蚕业、蚕桑业、缫丝业、丝织业、花卉业和果木业等最具典型，并在一定程度上促进了商业、交通运输业的繁荣。

四、稻鸭共作

稻鸭共作，是将出壳10天左右的雏鸭全天候放入稻田中进行培养。这是一组优质组合，它们构成了一个共同生长的生态农业系统。稻鸭共作模式，能够帮助稻田实现不用农药、不用化肥，取得绿色低碳的生态家田种养效果。

稻鸭共作式的生态系统，利用鸭子的杂食性，可有效除掉稻田里的杂草与害虫，并借助于鸭子的频繁活动，使田中之水始终处于平衡状态，极大地刺激了水稻的生长。同时，稻田也为鸭子提供了丰富的水源、食物和栖息之地。

稻鸭共作，是一项种养相结合的生态农业技术。稻鸭共作的运用，不仅降低了水稻的生产成本，而且还提高了水稻产量。同时，也因其属于无公害、安全、优质农业模式，为乡村的种植户带来了极大的经济效益。

稻鸭共作的生态种养技术，也是一种绿色无公害的稻米生产技术，这项技术已在全国各地普及。尤其是在广东、浙江、江苏、云南及四川等地区，得到了大力发展和推广。

稻鸭共生，是因鸭子的加入使水稻在栽培、生产中得到了全面发展。在鸭子品种的选择上，应挑选体型小、抗逆性强、生命力顽强、活动量大，以及喜食野生生物的蛋鸭，不建议挑选体型较大的肉用鸭。

目前，稻鸭共作出产的稻米，与普通稻米相比，其价格要高出3倍以上；而在稻田养出的鸭子，销售的价格要高出普通鸭子的1/3以上。

稻鸭共作模式，既具有巨大的市场空间，也符合现代农业的发展方向，能够取得较良好的经济效益与生态效益。

项目三 农业的新分类

一、都市农业

都市农业的概念，是 20 世纪五六十年代由国外经济学家提出来的。都市农业是指地处都市及延伸地带，紧密依托都市、服务都市，并以提供优质农副产品和优美生态环境为主要目的区域性农业。

我国都市农业的范围是指城市化地区与周边间隙地带的农业，不同于一般城郊型农业。都市农业的类型按功能可分为以下八种。

（一）农业公园

农业公园分为专业性农业公园和综合性农业公园。农业公园，是把公园与农业生产场所、消费和休闲场所结合起来建设，利用农业生产基地来吸引市民游览，主要是提供观赏和旅游服务。

（二）观光农园

观光农园指开放农业园地，农产品可供市民观赏、采摘或购买。有的观光农园主要是供观赏农村景观或生产过程，有的可以购买新鲜产品、采摘果实。有的观光农园集中区还建立了展览室，让游人既能观赏，还能学习农业知识。

（三）市民农园

农园经营者把整个园地划分成若干块，租给对农业感兴趣的市民，供他们参与耕作、体验农事活动，分享收获的农产品。

（四）休闲农场

休闲农场是一种综合性休闲农业区，可为游客提供游览、食宿等。农场以生产果、菜、茶等农作物为主，经过规划设计，利用原有的自然景观资源，引进一些游乐项目，开发成休闲农场，供市民观赏、采摘、体验耕作和食宿等。

（五）教育农园

教育农园是结合农业生产和科普教育功能的农业经营形态，利用所栽植的作物、饲养的动物及配备的设施，进行农业科技示范，向游客传授农业知识。

（六）高科技农业园区

高科技农业园区是采用新技术生产手段和管理方式，形成集加工、营销、科研及推广等功能于一体的，高投入、高产出、高效益的种植区或者养殖区。

（七）森林公园

森林公园是以林木为主，具有多变的地形、开阔的林地及山谷、奇石、溪流等多种景观的大农业复合生态群体，以森林风光和其他自然景观为主体，在一些位置建设狩猎场、游泳池、垂钓区、露营野炊区等，供人们休闲、度假、野营和避暑等。

（八）民宿农庄

民宿农庄主要为有大量闲暇时间或已经退休的市民提供租住农村房屋、迁居农家服务，可按区域划分为中心区农业、走廊区农业、隔离区农业、外缘区农业等。

都市农业是农业未来发展的重要方向，它的功能有以下四个方面。

经济功能，也称生产功能，指通过发展都市地区生态农业、高科技农业和可持续发展农业，为居民提供新鲜、卫生和安全的农产品。

生态功能，也称保护功能，是城市生态系统的组成部分，对保护自然生态、涵养水源、调解微气候及改善生存环境，具有重要作用。

生活功能，也称社会功能，都市农业是城市文化与社会生活的有机组成部分，可通过农业活动满足市民与农民之间的沟通交流和精神文化生活的需要。

示范与教育功能，是指都市农业具有"窗口农业"的作用。其现代化程度较高，可为其他地区农业发展起到样板与示范作用。作为高科技农业园和农业教育园区，可向城市居民特别是青少年开展农业知识教育。

都市农业带还可以作为城市的藩篱和绿化隔离带，防止市区无限制扩张，防治污染，为城市提供新鲜绿色的农产品，增加乡村居民的就业机会和收入，保护和传承农业与农村的文化习俗。

都市农业把城区与郊区、农业和旅游，以及第一、第二和第三产业结合在一起，利用农业资源、农业景观吸引游客前来观光、品尝、体验、娱乐和购物等，是一种文化性强、经济效益好的新的生产方式，体现了"城郊合一""农游合一"的特点。

发展都市农业的重要意义，主要体现在以下几个方面：一是可以利用农业资源，促进农业结构的调整，提高生产效益，增加农副产品销售渠道；二是能够带动相关产业发展，扩大劳动就业；三是能够起到疏散城市人口、减轻人口压力的作用；四是能够扩大城乡文化的信息交流，促进农村开放，对绿化环境与提高城市生活环境质量有着积极作用。

我国是一个历史悠久的农业大国，也是一个城市化快速发展的国家。既有多样的自然景观和农业景观，也有本土特色的农耕文明民俗风情和人文景观。随着城乡经济社会的发展和人们生活水平的提高，广大城乡居民对绿色食品和良好生态环境的要求日益增强。因此，发展都市农业具有广阔的前景，都市农业在中国大地上显示出它的勃勃生机，是一种极具生命力的新兴产业。

二、休闲农业

休闲农业，也称观光农业、旅游农业，是利用农业景观资源和农业生产条件，发展观光、休闲和旅游的一种新型农业生产经营形态。发展休闲农业也是深度开发农业资源潜力、调整农业结构、改善农业环境，以及增加农民收入的新途径。休闲农业还是结合生产、生活与生态三位一体的农业，在经营上表现为产品供销及旅游休闲服务等三级产业于一体的农业发展形式。

休闲农业具有农业和旅游业的双重属性特征，是一项集生产性、商品性、市场性、季节性、自然性、文化性和可持续性于一体的产业。

随着经济的不断发展，人们的生活水平不断提高，城市居民假日到乡村旅游，回归自然，感受绿色生态环境成为一种趋势。在综合性的休闲农业区，游客不仅可以观光、采摘、体验农作、了解农民生活和享受乡土情趣，而且还可以住宿、度假和游乐。近年来，休闲农业的发展势头十分迅猛，它的模式也是多种多样，主要有以下八种。

（一）连片开发模式

以政府投入为主的基础设施建设，带动着农民集中连片开发现代化观光农业。连片开发模式，依托乡野风景、清新气候、地热温泉和环保生态的绿色空间，结合田园景观和民俗文化，打造田园综合体，为游客提供休闲、度假、娱乐和餐饮等服务。

连片开发模式，主要包括休闲度假村、休闲农庄、乡村酒店等类型。

（二）农民与市民合作模式

这种模式指农民建立休闲农园，以"认种"方式让城市居民委托农民代种或亲自种植花草、蔬菜、果树或经营家庭园艺，消费者共同参与农业投资、生产、管理和营销各个环节。这一模式，有利于市民与农民结成紧密关系，能更好地体验农事活动和参与农业经营。

（三）产业带动模式

休闲农庄生产特色农产品，以形成自己的品牌，再通过休闲农业这个平台，吸引城市消费者购买，从而拉动产业的发展。这类园区不仅可以为游客提供餐饮旅游服务，还可以提供大量优质土特产品。

（四）村镇旅游模式

目前，有许多地区将休闲农业开发与小城镇建设结合在一起，以古村镇宅院和新农村作为旅游目的地，来开发观光旅游。村镇旅游模式的类型，主要包括占镇建筑型、民族村寨型、新村风貌型三种。

（五）休闲农场或观光农园模式

随着城市化进程的加快和居民生活水平的提高，大量城市居民利用节假日到郊区去体验现代农业的风貌、参与农业劳作和进行垂钓、休闲娱乐等活动。日益增长的农业观光和休闲需求，也促使我国众多农业科技园区由单一的生产示范功能，逐渐转变为兼具休闲和观光等多项功能的农业园区。休闲农场（观光农园模式）的主要类型包括田园农业型、园林观光型、农业科技型、务农体验型。

（六）科普教育模式

这种模式指利用农业观光园、农业科技生态园、农业产品展览馆及农业博览园或博物馆，为游客提供了解农业发展历史、学习农业技术、增长农业知识的科普教育活动。科普教育模式的类型包括农业科技教育基地、观光休闲教育、青少年农业教育基地等。

（七）民俗风情旅游模式

这种模式是以农村风土人情、民俗文化为特点，充分突出农耕文化、乡土文化和民俗文化特色，以开发农耕展示、民间技艺、时令民俗、节庆活动和民间歌舞等活动项目，以增加乡村旅游的文化内涵。

（八）农家乐模式

这种模式是指农民利用自家庭院、自己生产的农产品及周围的田园风光、自然景观，为游客提供吃住、游玩、购买等的经营模式。农家乐模式的类型包括农业观光型、民俗文化型、民居型、休闲娱乐型、农事参与型等。

我国地域辽阔，自然景观优美，农业经营类型多样，文化丰富，乡村民俗风情浓厚多彩，在发展休闲农业方面有着优越条件。具体来说，主要体现在三个方面。

一是充分开发农村旅游资源，可以调整和优化农业结构，拓宽农业功能，为延长农业产业链、发展农村旅游服务业、促进农民转移就业与增加收入创造了良好条件。

二是促进城乡统筹，增加城乡之间互动交流，有利于城市游客把现代化的经济、文化、意识等信息辐射到农村，有利于农民交流接受先进的信息与理念。

三是能够保护和传承乡村文化与生活习俗，对进一步发展和提升农村文化有积极的促进作用。

我国发展休闲农业前景十分广阔。未来，我国不仅是旅游大国，而且也应成为农业旅游大国。休闲农业产业已成为农业和农村经济发展的亮点之一，发展休闲农业产业，必将为推进乡村全面振兴做出重要贡献。

三、创意农业

创意农业，起源于 20 世纪 90 年代后期，建立在农业技术的创新发展和农业功能的拓展层面上。在创意农业的发展过程中，观光农业、精致农业和生态农业也相继发展起来。与此同时，创意农业理念也在一些国家和地区形成并迅速发展。创意农业，是指人们将农村的生产、生活和生态资源进行整合，通过发挥文化、艺术、知识创意、创新构思的作用，研发并设计出具有独特性创意的农产品或活动，以提升现代农业的价值与产值。创意农业的出现，对开发新型农产品、优质农产品和农村消费市场、旅游市场有积极的促进作用。近年来，创意农业在北京、上海和四川等地得到快速发展，并逐渐成为农业现代化的新引擎。

创意农业是现代化农业发展的新趋势，是都市型现代农业的重要组成部分，它既有创意产业的共有属性和特征，也具有农业特色，归纳起来，具有如下特征。

（一）把农业作为主要创意对象

创意产业的主要创意对象是文化，而创意农业，是以农业的产前、产中、产后全过程的投入品、生产过程、产出品为主要创意对象。

（二）富含创意

创意文化产业的核心要素，富含创意、富于智慧，这也是成就创意农业的关键因素。创意，体现的是智力劳动，创意产品凝聚着人的创造力。

（三）富含文化附加值

创意产业的重点，体现在文化上，而创意农业的重点，也集中于文化层面。把农业生产与农耕文明有机结合，有利于更好地开发农产品的文化附加值，既能让人们品尝到农产品，还能给人以精神享受，从而提高农产品的文化附加值。

（四）与三产高度结合

创意农业产品直接面对消费者，其产品已然超出农产品作为生存物质的特性，而具有了一种精神和文化需求的特性，更具有三产产品的特性，能够更好地满足和丰富人们的精神需求。

（五）重视废弃物利用

将农业或生活中的废弃物，通过巧妙构思，制作成工艺品或实用品。比如，用农作物秸秆作画，编制手提袋、杂物篮等，用树叶、树枝粘贴写意画，用树根制作根雕艺术品等。

（六）注重用途转化

这是指改变某些农作物的常规用途，赋予其新的创意。比如，用干谷穗制作干花艺术品等；经过抛光和防水处理的五谷谷粒，经巧妙构思粘贴在一起，便会构成一幅幅精美图画；将果树或蔬菜微型化，便能制成观食两用的盆果、盆菜等。

（七）注重文化开发

在农产品和农业生产过程中，融入文化元素，以开发出设计形态不同、用途不同的产品。比如，动物工艺品、刻字或印字瓜果等。

根据创意农业的内容，可将其划分为以下类型。

①创意农业的规划设计，主要包括两种：一种是无形的，即看不见的农业发展或农业产业规划；一种是有形的，即看得见的农业园设计。

②农业发展或农业产业规划，是在现有基础上对未来进行设计的一种创意活动，它在整体上是一种创意产品。

③农业园设计，无论是以科技展示为主题的农业科技园，还是以观光休闲为主题的农业观光园，都是把创意农业设计体现在最集中的地方。为吸引游人，农业园的设计要具有特色，在整体的景观设计上要突出创意和与众不同。在进行创意农业的规划设计时，各种小品设计都要与农业区的主题相匹配，以突出大自然的气息。

创意农业的发展，有利于推动农业由传统向现代转变，对改变传统农业低产属性有极大益处。创意农业的发展，能够催生大量的特色农业、景观农业、科技农业和都市农业等新型产业形态。同时，创意农业的发展，能够提升农业产品的附加值。创意农业的发展，还能拓展农业产业链条，主要包括核心产业、支持产业、配套产业和延伸产业等，实现了传统产业与现代技术的有效嫁接，带动了产业经济效益。

创意农业，转变了传统农业单一的生产结构，通过创意把文化艺术活动、农业技术、农副产品和农耕活动、市场需求有机结合起来，创新了农业生产、经营和生活方式。通过构建多层次的农业全景产业链，有利于形成良好的产业价值体系，为农业和农村的发展开辟全新的空间，同时也拓宽了新时代社会主义新农村建设的创新道路。

项目四　和美乡村旅游

一、什么是乡村旅游

近年来，随着乡村经济的不断发展，乡村的基础设施也不断得到完善。以旅游度假为宗旨、以乡村户外为空间、以生态为元素、以游居为特色的乡村旅游，正在逐渐兴起。那么，这种乡村旅游又是以怎样的形式展现的呢？

国内外学者对乡村旅游的发展展开了大量研究，主要有以下观点。

国外有学者认为，乡村旅游是以乡村居民作为旅游业的主导者，为各地前来旅游的人提供一定的食宿条件，以满足旅游者在良好的乡村环境中进行各种休闲活动的需求。世界经济合作与发展委员会在看待乡村旅游时，是把在乡村开展的田园风光旅游作为旅游的中心点、独特卖点，从而实现乡村旅游产业的发展。

有英国学者认为，乡村旅游是一项基于乡村农业的旅游活动，是从多个维度来开展的一种旅游活动。乡村旅游在实践的过程中，除了乡村农业的假日旅游外，还包括一些特殊群体的兴趣旅游、生态旅游，体现的是一种游乐文化。

在国内，有学者认为，乡村旅游是在乡村地区实践的，以具有乡村风貌的自然生态、人文客体来吸引游客的一种旅游活动。

总的来说，乡村旅游是以旅游度假作为最终目标的一种旅游。其宗旨在于突显旅游活动。

乡村旅游作为一种新型的旅游方式，给农村带来了巨大的变化。在我国，乡村旅游作为连接城市和乡村的纽带，能够有效促进发展成果在城乡之间的共享，并为缩小地区间经济发展差异和城乡差别、优化产业结构等做出很大贡献，推动欠发达、开发不足的乡村地区经济、社会、环境和文化的可持续发展。

乡村旅游给乡村带来了经济的发展，但是要怎么把这种旅游持续发展下去？一部分游客到乡村已不再是单纯的旅游，而是被乡村的环境所吸引，希望在当地较长时间地生活和居住，这种现象已经十分常见。所以，乡村旅游首先是一种生活方式，然后才是一种旅游方式。旅游化的乡村生活，不是简单地回到以前，而是有选择地融入现代人的生活方式、情感喜好和审美情趣，形成旅游休闲形态的乡村品质生活，这样的乡村才有可持续发展的前景，最终实现居住空间舒适化、生活空间缤纷化、工作空间人性化、情感空间温馨化，真正实现农村美、农业强、农民富的高质量乡村振兴，切实建成宜居宜业的和美乡村。

在乡村旅游开发中，以乡土文化为核心，提高乡村旅游产品的品位和档次。加强乡村旅游的文化内涵挖掘，有利于改变中国乡村旅游产品结构雷同、档次不高的状况。在乡村旅游产品项目的开发和设计中，要在乡村民俗、民族风情和乡土文化上做好文章，使乡村旅游产品具有较高的文化品位和艺术格调。对乡村旅游的开发，要注意保持乡土本色，突出田园特色，避免城市化倾向。乡村旅游的投资商在开发过程中要注重对原汁原味的乡村本色进行保护。对乡村旅游开发要加强科学引导和专业指导，强化经营的特色和差异性，突出农村的天然、纯朴、绿色、清新的环境氛围，强调天然、闲情和野趣，努力展现乡村旅游的魅力。例如山东兖州的牛楼小镇，主打鲁西南民居特色，按照小街、小巷、小铺、小院、小溪的"五小"设计理念，集美食一条街、特色民宿、个性酒吧、儿童休闲娱乐为一体，是着力打造的全民参与的乡村旅游新高地；陕西西安袁家村，号称"关中第一村"，主打关中民俗和美食文化，其旅游规划特色在于没有一味追求复古和高大上，而是以"越土越地道，土得掉渣才是特色"为理念，表现原生的地域文化及风土民俗，如地道的农家美食、民居、民俗文化、民居式的酒店体验及农家生活体验等，就是合理利用了当地的生产和生活条件，取得了较好的成果。

乡村风景宜人，空气清新，民风淳朴，节奏舒缓，适合人居。乡村是安详稳定、恬淡自足的象征，有着更多诗意与温情，有久违的乡音、乡土、乡情，以及古朴的生活、恒久的价值和传统。乡村生活的这种闲适性，正是当下休闲旅游市场所追求的，具有无穷的吸引力，已成为中国未来较为稀缺的旅游资源。所以乡村旅游作为一种可持续发展的乡村经济，具有广阔的发展前景。

二、乡村旅游产品

随着乡村旅游成为一种回归田园、回归自然和轻松休闲的时尚，人们倾向于在回归中寻觅与都市截然不同的生活方式，感受来自大自然的和谐，来自青山绿水的惬意。乡村旅游产品就是在满足人们追寻自然、生态中的需要应运而生的商品。它不仅包括了净化心灵的体验、绿色食品的品尝、回归自然的劳作，还包括了在这个过程中获得的服务与满足。它也是从事旅游的人在洞悉旅游者最深层次的旅游诉求后，利用当地资源提供给旅游者，使其身心获得满足的各种服务的总和。

（一）乡村旅游产品特征

乡村旅游产品的特点主要包括生活方式的差异性、产销结合的统一性、产品项目和产品线的丰富性。

1. 生活方式的差异性

乡村与都市生活的差异性就是指能让旅游者充分感受到与城市文化有明显差异的

乡村文化。处于都市中的人们在紧张忙碌的时光中饱受来自工作与生活的压力，但乡村旅游会让人们产生一种回归自然的舒畅，有耕耘就有收获的简单快乐，从而产生了旅游的需求。

2. 产销结合的统一性

乡村旅游产品往往来源于农民自耕自养、手工制作和纯天然的食材，需要农户投入的资金成本、人力成本、技术成本较少。农户往往可以依靠自身的养殖、种植习惯，不需要大规模改造，只需稍加改进和包装，就能为前来旅游的游客提供其所需要的原生态产品及相关服务。另外，从旅游的角度看，国内外的乡村旅游，均以国内游客尤其是满足周末周边游的都市人为主要客源。从旅游时间来看，花费在路途上的时间少；从旅游费用来看，食宿成本费用相对较低；从旅游购物来看，农民自产自销的农产品满足了旅游者对绿色、生态的追求。

3. 产品项目和产品线的丰富性

乡村旅游产品项目丰富，其产品线的宽度覆盖了特色观赏、休闲娱乐、体验劳动和运动健身等内容；其产品线的深度又覆盖了乡村所有特色。如特色观赏里的茶艺表演，休闲娱乐里的棋牌游戏，体验劳动里的绿色蔬果采摘，运动健身里的绿道骑行、登山。而乡村环境的差异性，又能给人们带来耳目一新的感受和体验。比如，古村镇、草原农舍、江南小村庄、小荷塘、小果园、小牧场、农业科技园区及海滨渔村等。

（二）乡村旅游产品类型

1. 生态观光型

生态观光型乡村旅游产品建立在当地别具特色的民俗、民风和民居的基础上，它以远近闻名的土特产、颇具美感的田园山水、独特个性的民居建筑、奇异新鲜的风俗习惯吸引着广大客源。它把自然与人工、生态与经济、观赏与体验有机地结合起来，满足了游客精神上的放松、身体上的休憩，吸引着周边的人们前来感受。

2. 体验型

体验型乡村旅游产品是指以通过参与劳作、采撷的方式去感受与都市完全不一样的生活体验。如人们在蔬果成熟季节亲身体验采摘，在辛苦劳动下感受收获成功的喜悦；青少年可将条件相对艰苦的乡村生活与自己的幸福生活进行对比，感受生活的不易；吃着美味特色的生态食物，享受着生活的满足。体验型乡村旅游，把理想与现实紧密地结合在一起，营造了不同的生活氛围，满足了人们尝试多样文化的心理。

3. 时尚健康型

时尚健康型乡村旅游产品是一款满足都市人积极参与锻炼、注重自身健康需求的乡村旅游产品。时尚健康型乡村旅游产品的销售对象，是白领、蓝领、自由职业者等人群，它以乡村的地形地貌为基础，以乡村得天独厚的青山绿水、绵延悠长的绿道去满足人们登山、游泳、骑行、漂流、自驾游、野游和野外拓展等需求。

在古朴原始的自然环境日渐稀少、美丽舒适的人工景观日益增多的今天，人们迫切需要短暂地抛却都市终日打拼的疲惫，挤出时间来关注精神上的满足、身体上的安康，在尽力打造独具特色的乡村旅游产品和不断满足消费者需求的前提下，无论哪一种乡村旅游产品，都有其存在的价值和必要性。

三、我国乡村旅游开发的模式

国外乡村旅游具有很多成功的范例，如欧美的"度假农庄"模式、新加坡的"复合农业园区"模式及日本的"绿色旅游"模式等，对于我国乡村旅游业的发展都有一定的借鉴意义。然而针对国内独特的旅游消费特色，探索适合中国乡村旅游发展的本土模式成为现代乡村文化旅游建设的重点任务。根据不同类型景区的发展特点，这里将对国内乡村旅游发展的七大模式做分别介绍。

（一）城市依托型：环城市乡村旅游发展模式

在大城市的周边乡村地带，由于交通条件与基础设施建设比较好，会形成供城市居民休闲、放松的环城市乡村旅游游憩带。环城游憩带是一种特殊的城市郊区游憩活动空间，主要位于与中心城市交通联系便捷的郊区地带，为城市居民提供休闲服务，也可以为一定数量的外来旅游者服务。其主要指在游憩性土地上建设的各种游憩设施和所组织的多种游憩活动，具有观光、休闲、度假、娱乐、康体、运动和教育等多种复合功能。环城市乡村旅游在空间分布上呈现环城市外围较密集分布的空间结构，紧密围绕着大城市城郊呈现集约化发展的趋势。许多大城市的城郊地带依托于城市的区位优势、交通优势和市场优势，在环城市区域已经发展形成一批规模较大、基础设施建设较为完善的环城市乡村旅游圈。然而环城市发展的区域只有在大城市周边或者经济发达的地方才有发展空间，其旅游发展项目投资庞大，必须有巨大市场作为支撑才能维持运营和发展。

（二）景区依托型：景区周边乡村旅游发展模式

景区周边乡村旅游发展模式就是在景区周边发展乡村旅游，依托景区交通基础设施的基础，利用知名景区的客源市场及建设运营理念开发配套乡村旅游路线。充分调动吃、住、行、游、购、娱六大旅游要素，以开放式的乡村体验吸引旅游客源，在景区观光之余进行小村风情体验。成熟景区巨大的地核吸引力为景区周边乡村旅游的发展带来客源与市场，周边的乡村地区借助这一发展契机，往往成为乡村旅游优先发展区。景区周边乡村发展旅游业受景区影响较大，临近成熟景区的辐射圈而获取显著的地理区位优势，发展与景区旅游配套的乡村旅游服务，以实现乡村旅游与景区观光一体化发展是景区周边乡村旅游发展的重要策略。

景区依托型乡村旅游发展模式是在乡村自身发展需求和核心景区休闲化发展需求

的共同推动下，景区周边乡村探索出来的旅游发展模式。乡村旅游能否成功开发关键在于能否成功吸引客源，发展与景区发展特色有所区分的田园风格与民俗特色，分流景区服务接待的人群，持续吸引景区观光游客在景区观光之余体验乡村旅游，逐渐形成自己的客户群体与竞争优势。

（三）产业依托型：特色庄园旅游发展模式

这种模式以产业化程度极高的优势农业为依托，通过农业景观观光与体验等功能的开发实现农业与旅游业的协同发展。特色庄园旅游发展模式适用于农业产业规模效益显著的地区，以独具特色的农业庄园游憩地建设与综合服务吸引来自都市的旅游客源。特色庄园旅游发展模式可通过农业与旅游业协同发展的方式产生强大的产业经济协同效益，将农业体验观光活动与农业生产活动紧密地结合起来，实现农业效益与旅游服务效益的双赢。

（四）历史文化依托型：古村古镇乡村旅游发展模式

古村古镇旅游作为独特人文内涵与景观形态的结合体已经成为当前国内旅游开发的一个热点，以其充满民俗气息的原始建筑与文化价值吸引着大量游客前来观光。然而在古村古镇资源开发的过程中，由于缺乏古村古镇风貌的保护意识与过度追求商业化利益等问题，古村古镇开发的模式与古村古镇旅游资源的合理维护已经成为古村古镇乡村旅游发展模式需要考虑的问题。保存古村古镇的原始风貌与文化气息，而不是迎合商业利益与游客的需求对古村古镇加以不合理的改造，吸引文化旅游者和文艺爱好者作为古村古镇旅游的客源也许是古村古镇乡村旅游发展最好的开发方式。

（五）民俗依托型：乡村文化活动与社区发展模式

乡村民俗文化旅游依托于我国丰富的民俗旅游资源，由于其具有资金投入少、见效快的优势而成为少数民族聚居地区的主要旅游发展模式。民俗旅游以民族风情与民族文化习俗体验为主要旅游资源，满足了游客对于文化旅游的需求。然而随着民俗旅游的蓬勃发展，民俗文化受到现代文明的冲击，经济利益冲击下的民俗景区的生活方式与文化习俗开始受到外界的影响与冲击。如何在开发的过程中继续保持民俗文化的原汁原味，对于推动我国乡村旅游发展具有重大意义。

（六）创意主导型：传统民间艺术推动乡村旅游发展

传统民间艺术主要包括微雕、陶瓷、布艺、木艺、果核雕刻、刺绣、毛绒、皮影、泥塑、紫砂、蜡艺、文房四宝、书画、铜艺、装饰品、漆器等，具有独特的民间文化价值。传统民间艺术代表了民族和地方独有的文化特征，具有独一无二的文化价值与意义。传统民间艺术具有易包装、受众广的特点，可以在展示民间艺术、满足游客文化需要的同时，通过民间艺术产品的销售获得经济效益。如今，乡村文化旅游已经成为民族传统艺术活态保护的重要手段，使得许多即将失传的民间艺术得以传承下去。

（七）科技依托型：科技引导现代乡村旅游发展

当代科技在农业生产方面扮演着更为重要的角色，农业科技旅游也应运而生，并成为农村经济发展的新增长点。新型农业科技不仅作为农业生产的助推力，也成为吸引游客的旅游观光资源。农业科技旅游观光既加速了新兴农业技术发展成果的推广普及，又可以利用旅游获取的经济效益助推科技的研究发展，使科研和旅游形成良性循环，实现经济效益与科研成果的双重发展。

四、乡村文化旅游开发的模式

我国乡村文化旅游的起步相较于其他文化旅游形态整体较晚，但是由于其独特的文化魅力与丰富的旅游资源，整体发展势头良好，已经成为农村经济发展的新增长点。乡村文化旅游对于乡村旅游资源的开发有着重要作用，对于区域经济的发展有重要的助推作用，能够带动农村经济的大幅增长。乡村旅游蕴藏的丰厚的文化资源对于城市居民的审美文化需求与休闲娱乐的需要，具有经济效益和文化效益协同发展的特点，因而受到广泛的关注。

然而乡村旅游也面临着发展问题，为了满足周边城市游客的需求，对于乡村旅游资源的过度开发利用给乡村旅游目的地的环境造成了巨大的压力，甚至造成了民俗文化资源的枯竭。乡村旅游市场逐渐趋于饱和，雷同的开发模式、乡村旅游产品和服务已无法满足游客对于差异性旅游资源的需求，极易产生审美疲劳，最终浪费了旅游资源的开发成本。科学的乡村文化旅游开发模式应该得到广泛推广。

（一）乡村旅游应当是由市场经济来决定、催生的产物

市场需求决定了乡村旅游打造与开发的方向，但是无论是对于市场需求的错误估计还是盲目投入进过分饱和的市场，都会对乡村旅游的开发造成负面影响。如风靡一时的农家乐产业在全国各地的乡村旅游行业中掀起了一股飓风，一时间农家乐似乎成为乡村旅游服务的标准配置。但随着农家乐的开发普及，由于采取了普遍相同的经营模式与服务方式，除了最开始的农家乐经营者取得了可观的经济效益外，其余跟风而上的农家乐产业由于盲目预计市场形势又缺乏独具特色的旅游项目开发而导致经营不佳。这就要求政府部门为乡村旅游开发过程中市场形势的预计做出科学合理的引导，避免乡村旅游开发者由于错误的市场形势预判而造成经济损失。

（二）乡村旅游需要自下而上地主动创新

乡村旅游以独具特色的民俗风情与文化特色，以及独特的旅游体验吸引了大量城市居民的争相光顾。但随着乡村旅游规模的扩大，许多旅游目的地出现连片规模化经营的现实状况，相对落后的经营模式与服务项目使乡村旅游对于客源的吸引力急剧下降。想要在激烈的市场竞争中脱颖而出，乡村旅游开发应注重品牌效应，通过原创式的旅游服务项目与乡村风情体验活动，形成乡村旅游区别于市场上其他同类旅游产品

独一无二的竞争优势，这才是乡村旅游发展的正确形式。

（三）乡村旅游需要多种业态的共生共荣

乡村旅游在为乡村获得新的经济增长点与经济效益的同时，同样也为城市游客提供了新奇的文化体验。在乡村旅游产业发展的过程中，丰富乡村旅游业态与产品，开发富有乡村特色的旅游线路与基地是乡村旅游发展的重中之重。这就需要政府部门加强对农业投资的引导，鼓励探索农业主题公园、农业体验园等多种乡村旅游形式。在保证经济效益的基础上不损害生态环境，保护乡土民俗文化的原生性，打造主客共享的美丽休闲乡村。

（四）乡村旅游需要创新传承原生态文化

乡村旅游的发展要保持文化风俗的原汁原味。随着乡村旅游业的进一步发展，受经济利益的驱使和推动，致使许多乡村旅游地独有的田园风光与文化内涵受到现代文明的冲击而丧失了其原生态文化独特的美感。乡村旅游的目的是给城市游客带来不一样的生活体验，唯有保持乡村旅游文化的原生态色彩，才能具有旅游的竞争力，"人无我有，人有我优，人优我特"的产业发展理念同样适用于乡村旅游产业的发展。保持乡村旅游文化的原生态是实现乡村旅游产业可持续发展的重要前提与根本保证。

（五）乡村旅游需要从策划规划上突破

乡村旅游规划对乡村旅游资源开发具有先导作用，科学的乡村旅游规划可充分利用乡村旅游资源，调整和优化乡村产业结构，对加快乡村经济增长具有重要作用。对乡村旅游资源进行科学规划与合理开发，对乡村旅游地生态环境的保护与卫生条件的改善具有重要作用，可推动村庄整体建设的发展。乡村旅游资源开发是新农村建设工程的重要一环，对新农村自然资源、人文资源与旅游资源的开发与增值具有重要的助推作用。

乡村旅游产业发展是实施乡村振兴战略的有效途径，对推进城乡统筹协调发展和农村产业结构的调整升级具有重要作用。在新形势下发展乡村旅游业，对调整农村经济发展方式与振兴农村实体经济，巩固脱贫攻坚成果具有重要作用。相关部门应加强对乡村旅游行业发展的引导和规划，制定相应的扶持政策推进乡村旅游产业的发展。乡村旅游产业的发展应不断创新旅游产业发展模式，形成独特的旅游项目与服务管理方式，积极推动乡村旅游品质化建设与品牌化发展。

思考题

1. 简述乡风与乡村文化的内涵及特征。

2. 我国的农业文化遗产有哪些？

3. 简述我国乡村文化旅游开发的模式及规划方向。

模块七　乡土文化传承与创新

学习目标

知识目标：

在全球化和城市化迅猛发展的今天，传统文化与地方文化的存续无疑受到巨大的挑战。在中国当前社会转型和快速城市化的进程中，农村社会正发生着巨大的变迁。中国的乡土文化源远流长，而广大农村则是滋生培育乡土文化的根源和基因。我们有足够多的例子来说明什么是乡土文化或者乡土文化的表现形式，比如，流行于陕西、宁夏、山西、内蒙古与陕西接壤部分的信天游，语言诙谐流利、合辙押韵、刚柔兼备的山东快书，充满童趣的闽南童谣等，这些盛开正艳的民间文化奇葩就是"乡土文化"。作为一个概念性的文化类别，其肯定存在一个通晓的释义。要做好乡土文化的传承与创新工作，前提就是要阐释清楚其定义和内涵。

能力目标：

1. 掌握乡土文化的基本概念及特征；

2. 了解乡土文化元素在乡村建设中的作用；

3. 掌握乡村建设中乡土文化的保护、传承与创新方向及策略。

项目一　乡土文化基础知识

一、乡土文化的概念

我国乡土文化历史悠久，源远流长，内涵丰富。它起源于农业社会，其本质是农业文化，是中华传统文化的重要组成部分，它在一个特定的地域内发端、流行并长期积淀，具有鲜明的地域特色。因此，乡土文化是特定区域内的居民在长期的劳动实践中形成的体现乡村精神信仰、交往方式、行为习惯、生活方式的具有独特个性的文化形态。乡土文化既涵盖了中华传统文化中的一些共性因素，又具有地方特色的民风、民俗、价值观和社会意识，是带有浓厚的地方性色彩的文化。

一般来说，构成乡土文化的元素有两种，一是以有形方式存在的"物态元素"，二是以无形方式存在的"非物态元素"。乡土文化的"物态元素"又通常可以分为两类，一类主要包括：乡村风光、田野山林、池塘阡陌、乡土建筑、邻里村落等所构成的景观现象复合体。另一类包括当地人日常生活中涉及的器具、物品、工艺品等。乡土文化的"非物态元素"主要包括：地方方言、民风习俗、手工技艺、民间典故、历史传承等。无论是"物态元素"还是"非物态元素"，都与当地百姓日常生产生活紧密相连。它们是当地人在这个地域经过成百上千年逐渐形成的对该地域自然条件和社会格局的适应方式。

乡土文化更为重要的还体现在它所蕴含的地方精神、地方情结及信仰体系，这些构成了地方独具魅力的人文风景，是人们乡土情、亲和力和自豪感的凭借与纽带。乡土文化具有极强的生命力，渗透在当地人生活的方方面面，对于他们的好恶判断、审美观、价值观等产生着潜移默化的影响。

乡土文化区别于当下以城市为中心的大众文化，服务于农耕社会，体现的是农村文化的本土性、内生性与多元性。因此，对乡土文化的尊重与延续，是一种新的文化自觉，有利于在社会主义新农村建设中守护文化根脉，保存乡土味道与民俗风情，留住"乡韵"，记住"乡愁"，重振乡村精神，增强农民的自豪感。乡土文化体现了乡民的精神创造和审美创造，是人们陶冶情操、净化灵魂的载体，是维系当地居民凝聚力的文化形态，同时它也是整个民族得以繁衍发展的精神寄托和智慧结晶。

优秀的乡土文化是整个农村社会发展的文化基础，也是建设和美乡村的"软实力"。伴随着人类社会的进步和科学技术的发展，"乡土"元素的含义也在不断地延伸和发展，但是其核心的价值观和主要内涵始终如一，即倡导人与自然之间、人与人之间的和谐共生。

二、乡土文化的内涵

传统乡土文化内涵丰富，主要包括物态文化、行为文化、制度文化、精神文化四个层面。

（一）物态文化

乡土文化主要是相对于城市文化来说，乡村的物态文化是农村有别于城市的主要特征之一，它是农耕文化的体现。其主要包括：乡村山水风貌、乡村聚落、乡村建筑、民间民俗工艺品、民族服饰等。这些以物态形式存在的乡土文化元素都凝聚着乡村居民的文化追求。

（二）行为文化

乡村行为文化主要是指乡村居民的日常生活、生产和娱乐的行为方式，它们不是随意的、无序的，而是受到特定的乡土文化的影响。乡村行为文化包括：民风民俗、生活习惯、传统文艺表演、传统节日等。

1. 民风民俗

民风民俗是一个特定地域内的居民在长期的生产、生活实践中形成的具有稳定的、共同的喜好、习俗和禁忌，表现在饮食、娱乐、服饰、居住、节庆、礼节和生产等方面。民风民俗的形成受到当地自然环境、生产力水平、生活方式和重大历史事件的影响，具有稳定性、地域性和群众性的特点。

2. 民间艺术

民间艺术是一种历史演变非常缓慢的艺术形态，其结构相对稳定。它根植于民间，是农村地区乡民在劳动生产、生活实践过程中形成的独特的艺术形式，体现的是乡村居民的好恶判断、审美观、价值观。就其文化内涵来说，首先是处于结构底层的原始文化观念，其次是世俗文化观念，再次是大传统文化观念。民间艺术通过代代相传，深入到人民群众之间，具有广泛的群众特征和地域特征。民间艺术的形式多种多样，包括剪纸、绘画、陶瓷、泥塑、雕刻、编织等民间工艺项目，戏曲、杂技、花灯、龙舟、舞狮、舞龙等民间艺术和民俗表演项目。民间艺术体现着乡民朴素的追求和谐的理念和追求真善美的价值观。

3. 传统节日

中国传统节日起源于农耕时代，形式多样，内涵丰富，涵盖了文学、历史、哲学、天文等方面的内容，表达了中华民族的价值和思想、道德和伦理、行为与规范、审美与情趣，凝聚着千百年来人们对幸福生活的向往和追求。传统节日的产生根植于农业社会文化土壤中，往往具有农耕生活的色彩，体现了中国人对自然的认识和尊重，蕴含着厚重的历史与人文情怀，成为涵养中华文明、凝聚社会共识、培育民族精神、留住乡土情怀的共同心理纽带和精神支柱。它经过千百年的淬炼和代代相传，已牢牢根植于中华民族的精神家园与文化情怀之中，成为复兴、传承优秀历史文化的重要载体。中国的传统节日如春节、清明节、端午节、中秋节、重阳节，以及泼水节、火把节、花山节等，都是文化传承的重要载体。

（三）制度文化

1. 乡约

乡约是乡民基于一定的地缘和血缘关系，为某种共同目的而设立的生活规则及制度。传统的乡约在中国社会的秩序构造中发挥了重要作用，在教化乡里、促进乡治、劝善惩恶、保护山林等方面有重要意义。传统乡约是有效维护和促进当地的环境资源保护、公共财产安全、社区和谐和尊老敬幼风气的保证。

2. 非正式组织、非政府组织、非正式制度

当前我国农村地区非正式性组织有经济性组织、社区服务性组织、文化组织、娱乐组织等。其中，最具代表的是宗族组织、新型合作经济组织等类型。

（四）精神文化

精神文化层面包括人的政治思想的树立、精神的塑造、道德修养的熏陶、文化科学知识的教育、素质能力的培训、思维方式的引导等方面。在新农村文化建设中也会产生持续影响的精神层面文化。

1. 宗族文化

宗族文化曾在中国乡村发挥着悠久而重大的作用。近些年来，家族文化、宗族文化有"复兴"之势。我们必须辩证地看待宗族文化与社会主义新农村文化建设的关系。前者是血缘的、封闭的，后者是法治的、开放的。二者相互影响，应重视处理好二者的关系，营造良好的文化氛围。

2. 孝文化

中国人数千年来形成的敬老孝亲意识可谓深入人心。长期以来，孝文化对于维系家庭和谐、促进人类文明的发展起到了不可替代的作用。近年来，随着农村社会的巨大变化，农村现实问题不断增多；加上传统家长制的社会经济基础消失，家庭意识逐渐弱化，再加上生活节奏快，青年农民的自我意识膨胀，孝文化受到很大冲击。但是孝文化的传承和发扬，在当前社会主义新农村建设中仍然有着重要作用。

三、乡土文化的特征

乡土文化本质上是一个界域概念，它蕴含了两个前提假设：一是承认乡土这一"社区"类型的存在，它属于一个具有地域性特征的文化类型。二是认为乡土文化是一种与现代文化不同的文化类型，属于一种具有明显传统特征的文化类型。乡土文化的本质就是"乡土性"，费孝通认为："从基层上看去，中国社会是乡土性的，中国社会的基层是乡土性的。"如果从最表层的含义上去理解，"乡土性"所指涉的是乡村社会中以农业为主的一种生产方式，是一种完全不同于现代西方或现代城市以工业或城市商业为主的生产方式。在更深意义上，它则代表了一种社会结构的属性特征。

（一）乡土文化的空间特征

按照费孝通的分析，社会结构"乡土性"最根本的表现在人与空间关系的不流动性上。这是因为，由于农业生产所特有的稳定性，传统的乡村生产方式单一，人们几乎把所有的精力都投入到农业的生产之中。乡村的人们"世代定居是常态，迁移则是变态"，除了"直接取资于土地"之外，缺乏其他的生产方式。也正是这种人与土地的"乡土性"关系，决定了一种适应土地、面对土地的特殊文化形态，即乡土文化。

（二）乡土文化中的人际关系特征

首先，乡土文化的表现是一种人际关系形态，这种人际关系是以亲缘、地缘关系为基础的，这种亲缘与地缘关系所形成的朴素道德和情感义务，支撑着乡土文化和社会的持续发展。乡间社会的特点就是人与人之间亲密无间、社会凝聚和持久的连续性，而当人们转向城市生活以后这些特点就不复存在了。

其次，乡土文化中人际关系处于一种相对孤立或者相对隔绝的状态，传统乡村的最基本单位是村落，大多数农民都是聚于村而居，由于农业生产对社会分工的要求较低，基本上不需要更大规模的社区范围内的分工协作，因此也就没有聚集许多人住在一起的需要了。各社区之间也因无须沟通而变得相对孤立和隔绝起来，当然这并不代表乡村成员的不流动，只是这种流动极其有限罢了。

（三）乡土文化中的个体理性特征

农民的个体决策行为特征是乡土文化最为直接的外在表现。农民的个体决策行为不同于现代市场经济环境中的个体"理性经济人"。有些学者认为，这关键在于农民的个体决策是不是理性的，因为他们只追求代价的最小化，而不追求利益的最大化。其实，农民的行动是一种具有目的性的理性行动，是为达到一定目的而通过人际交往或社会交换所表现出来的社会性行动，这种行动需要理性地考虑对其目的有影响的各种因素。而乡土社会中农民的理性实际上是一种"生存理性"，这种理性思维所考虑的首要因素是"生存第一"，而不是"利益最大化"。也就是说，对于广大农民来说，为了维持整个家庭的生存而选择"并非最差的行为方式"，这才是传统农民更为真实的内驱力。

（四）乡土文化的伦理本位特征

乡土文化是中国传统社会文化的一部分，是在中国传统社会土壤中产生的，因此它对中国传统社会具有依附性。梁漱溟认为，中国社会不是个人本位的，也不是社会本位的，而是"伦理本位的社会"。中国人实际存在于各种关系之上。各种关系，即是种种伦理。伦者，伦偶，正指人们彼此之间相与。相与之间，关系遂生。家人父子，是其天然基本关系，故伦理首重家庭。随着一个人年龄和生活的展开，而渐有四面八方若近若远数不尽的关系。是关系，皆是伦理；伦理始于家庭，而不止于家庭。

乡土文化将农民形塑成"伦理本位"的个体，并且这种"伦理本位"也建构了一套独特的权利义务关系，以达成社会在道德意义上的整合。"伦理本位"也逐渐成为人们日常生活的一部分，或者说，它严格地限定着乡土社会中人们的行为方式。

四、我国乡土文化的转型变迁

当前乡土文化正在经历一场前所未有的变迁过程，这一变迁是随着整个中国社会的转型而发生的。因此，要研究乡土文化变迁，就要将乡土文化放在中国社会转型的框架中去分析。所谓"社会转型"，这一概念最早出现在国外发展社会学理论和现代化理论中，是理论学家用来描述和解释人类社会发展的普遍用语。当前，随着我国经济社会的迅速发展，"社会转型"已成为中国社会科学界一个热门术语，其基本内涵是指社会的整体性变动。许多学者从不同角度对我国当前的"社会转型"进行解释。如：有人从当代中国社会的独特性视角，认为社会转型是从计划经济体制向社会主义市场经济体系的转变；有人则从社会类型的视角加以说明，认为社会转型是从传统农业社会向现代化工业社会和后工业社会的转型；还有人从不同的社会维度加以考虑，认为社会转型包括文明转型、形态转型、制度转型和体制转型四个方面。

当前，中国的社会转型正经历着从传统社会向现代社会、从农业社会向工业社会、从乡村社会向城镇社会的变迁和发展。这一社会转型打破了传统的生活方式，相应地带来了文化的变迁和转型。也就是说，文化转型既是社会转型的一种表现，又是由社会转型推动的。当前乡土文化转型是指乡土文化从传统形态向当代形态转变的历史过程，是其文化本质属性的"渐变"过程。在这一过程中，传统乡土文化并没有消失，而呈现出一种与现代性、多样性、市场性相互交融的特点。

（一）从封闭同质到开放异质

传统乡土文化的首要特征在于其封闭性和同质性。目前，随着社会的快速发展，这种特征正在被打破。随着乡村市场经济的发展，市场经济所要求的资源开放性和人口流动性极大地冲击了传统乡土文化。人们在市场经济的交往中不可避免地受到外来文化的影响，使乡土文化逐渐具有了开放性。乡土文化也不再是同质的了，正呈现出多元化的倾向。这主要体现在文化心理上，人们对城市生活和现代文明已经产生了某种向往和依赖，对传统乡土文化和乡土社会也产生了一种排斥心理，这种心理变化在年轻一代农民工中尤为明显。

（二）从"生存理性"到"经济理性"

传统乡土文化下的个体行为遵循的是"生存理性"原则，人们在现实面前做出的种种选择首先要满足生存的需要，而非追求利润的最大化。但是，随着市场经济的发展，农民的生存压力得到了缓解，他们具有了更高层次的追求，开始从"生存理性"向"经济理性"转变。

当前随着社会的发展、传统乡土文化的转型，对乡民来说，传统"乡土"观念的文化意义已经不再像原来那样被给予强烈的认同了，他们有了在生活方式和价值观念上更多的横向比较，再加上城市化为他们提供了大量可供选择的生存空间和发展机会。在日益松弛的结构性条件下，为追求生存和满足生存以外的需求，他们成为游离于传统乡土之外，同时又游离于现代城市之外的群体。

（三）从伦理本位到利益本位

乡土文化从"生存理性"到"经济理性"的转变体现了农民行为的多元化，他们不再仅仅是为了满足温饱，而是为了更多的经济需求。"伦理本位"到"利益本位"的变化则表明农民行为动机的重心发生了变化，由过去主要考虑道德伦理到现在更多地考虑经济因素。因此，有学者认为，传统"熟人社会"中的乡土逻辑正在消失，乡土文化开始由"伦理本位"向"利益本位"转变。

这种转变主要表现在原先具有血亲关系的"自己人"关系不断"外化"，村庄层面的"熟人社会"日益"陌生化"。其结果导致乡村生活的伦理色彩越来越淡化，村庄的交往规则将最终摆脱"血亲友谊"和"人情面子"的束缚，转向以利益计算为旨归的共识规则体系。为此，不少学者也对这种现象表现出悲观情绪，他们认为这一变化的影响将极其巨大而深远。然而有些学者则乐观地认为传统乡土文化的"伦理意识"仍然在起作用，当前的乡土文化只能说处于"伦理本位"和"利益本位"相互交融的状态之中，二者是相互制约、相互补充的关系。

当前我国乡土社会正面临着乡土文化转型，乡土文化正处于一个从传统乡土文化向现代都市文化过渡的阶段。一方面传统乡土文化的影子并没有完全消失，另一方面又具有了某些都市文化的特征，呈现出一种传统性与现代性、多样性、市场性相互交融的特点。因此，我国的新农村建设不能脱离乡土文化转型这一重要社会背景，正如党和国家所强调的，要"加大对农村和欠发达地区文化建设的帮扶力度"。应当将社会主义核心价值观作为乡土文化的主导，从而实现多元文化的整合，增强转型期乡土文化的向心力和凝聚力。政府特别是基层文化工作者要勇于创新、大胆探索，促进乡土多元文化的健康转型，使其更好地为社会主义新农村建设服务。

乡土文化的价值在乡村景观建设中的作用

项目二

一、乡土文化的价值

乡土文化作为生活在特定区域内人们独特的精神创造和审美创造，其包含的风俗、礼仪、饮食、建筑、服饰等，构成了地方独具魅力的人文风景，是人们乡土情、亲和力和自豪感的体现，具有很强的凝聚力和生命力。这些都源于乡土文化自身所蕴含的精神和文化价值。

（一）形成凝聚感、认同感

乡村传统文化资源是一定区域内人民群众共同的精神认知，具有深厚的群众基础。传承和利用乡土文化资源，可以使人们形成认同感、归属感，进而产生对家乡的荣誉感和自豪感。乡音、乡情、乡风、乡俗、乡品是一个地方区别于另一个地方的文化标志，不仅对本土本乡人有吸引力，也是身在他乡的游子魂牵梦萦的乡愁。这种认同感、归属感，从浅层次来看，是个人的心理需要、情感需要；从深层次来看，则是产生更为高尚的情感，如集体主义情感、民族自豪感和爱国主义情感的基础。群体认同、民族认同、社会认同是和谐社会建设的核心和目标，而文化认同则是实现社会和谐的重要基础，在某些情况下，这种文化认同还能促进地方经济文化建设。

（二）保持文化多样性、原生态

在全球一体化、信息化的大背景下，人口流动和文化交融的加快，促进了人们彼此的理解和经济的巨大发展，然而全球化趋势也带来了文化同质化现象日趋严重。其中城市文化对乡村文化的同化有目共睹，乡村传统文化的不断式微湮灭正在成为不争的事实。大量的农村居民成为城市居民，他们失去了土地，放弃了传统的谋生方式，忘记了来自乡间的传统文化，逐渐融入快节奏的城市生活。

然而，文化的多样性是促进文化繁荣、文明进步的重要因素，是健全文化生态的保证。从这个意义上来讲，任何一个民族或地域的传统文化都是重要的。没有多样、多元的乡村传统文化的繁荣发展，我们就很难获取文化持续健康发展的内在动力。因此，在文化的发展中，既需要文化的交流与融合，也需要文化的独立和自我完善。

（三）文化事业发展的载体、文化产业开发的依托

千姿百态的乡村传统文化为开展丰富的文化事业活动、开发文化产业项目起到良

好的支撑作用。每个地方都有自己独特的乡村文化，挖掘它们，开发它们，将它们打造成一个个富有浓郁地方特色、具有广泛群众基础、深受农民喜爱的区域形象、活动和品牌，使每个新农村都拥有自己特定的文化符号和标识。现在很多地方都提出了自己的"一村一品""一镇一品"理念，如果没有乡村传统文化的给养，这种开发就会落空，失去发展的活力与后劲。乡村传统文化当中的物质载体、生活风俗，很多都可以作为商品开发、旅游开发。文化产品的开发与旅游业的兴起，又在一定程度上带动当地第三产业的发展。

（四）塑造新型农民

农民是农村生产的主体，是传承创造新型农村文化的主体，他们综合素质的提升直接关系到整个农村的发展水平，为构建和美社会主义新农村提供持久的精神动力。优秀乡土文化中所包含的朴素的自然观、审美观及朴素的行为方式，都对农民有潜移默化的影响，是保持乡村邻里和谐的重要因素。因此，乡土文化是新农村文化的生长点，是建设社会主义新农村的"软实力"，也是培养具有创新精神和审美能力新农民的关键。

在新农村文化建设中，应该从梳理农村传统文化根基开始，努力寻找现代工业文明与农村传统文化的契合点，构建起适应新形势的新农村文化，将中华优秀传统文化与当代生活对接，使其既从乡土的土壤中萌发，又能在一定程度上指导新农村建设、提升农村居民素质，助推社会主义新农村建设。

二、乡土文化在乡村景观建设中的作用

乡村景观不同于自然景观和城市景观，具有鲜明的自然性、生产性和人文性，是自然景观、聚落景观和生产景观的综合体。它的形成因素主要有三个：本地的自然生态环境，当地居民长期形成的生产、生活方式和地域特色的乡土文化。其中乡土文化是乡村景观建设的文化根脉和"软实力"，对于凝聚乡民力量、调动乡民热情具有不可替代的作用。同时，乡土文化独特的审美和地域特色对于乡村景观的特色建设具有重要意义，在实现乡村景观经济价值和文化价值方面也具有不可替代的作用。

（一）凝聚乡民力量，积极参与乡村景观建设

乡土文化是特定地域内乡民们经过长期的生产、生活实践形成的具有广泛共识的一种朴素的民间文化形态。乡土文化具有广泛代表性和稳定性的特点，表现在饮食、娱乐、服饰、居住、节庆、礼节和生产等各个方面，体现的是乡村居民们共同的好恶判断、审美观、价值观。它经过千百年的淬炼和代代相传，已牢牢根植于中华民族的精神家园与文化情怀之中，已经成为一定区域内人民群众的共同精神认知，具有深厚的群众基础。乡土文化中的乡音、乡情、乡风、乡俗、乡品元素是一个地方区别于另一个地方的文化标志，它所蕴含的地方精神、地方情结等，已经渗透到乡民生活的方

方面面。这些乡土文化元素使人们形成认同感、归属感，进而产生对家乡的荣誉感和自豪感。因此，乡土文化在新农村建设中具有不可替代的社会整合价值。

乡村景观的建设，比如乡村自然生态景观建设、乡村生产景观建设和乡村聚落景观建设，这些景观的主人就是当地的乡民，因此乡村景观的建设离不开当地乡民的积极参与。乡土文化作为农民生活的结晶，在一定程度上成为广大农民群众的精神纽带，并将不同文化信仰的人们凝聚在一起，让他们自觉地投身到当地乡村景观的建设中去，保证了乡村景观建设的可持续发展。

（二）决定了乡村景观的面貌和特色

当前，我国和美乡村建设正在如火如荼地展开，其中乡村景观的建设是和美乡村建设的一项重要内容。然而，在乡村景观的建设中，由于缺少科学的规划设计和认识，对于那些由于自然环境而形成的文化认同正在逐渐流失。在乡村景观建设中，由于一味追求现代化的升级改造，采用城市化和模式化的建设方法，忽视乡土文化在乡村景观建设中的作用，导致传统古建筑在修整、翻新的过程中受到了不同程度的破坏，造成了乡村景观地域特色的缺失，"千村一面"的现象严重。作为文化的记载，乡土文化本身就体现着鲜明的地域特色。这些体现着当地人风俗习惯和具有共识性的审美习惯渗透到乡村景观的各个方面，形成了独具特色的乡村聚落景观、生产景观、人文景观。因此，只有尊重乡土文化的地方差异性，才能真正建成具有地域特色的乡村景观。

具有地域特色的乡村景观体现在富有特色的自然生态景观、聚落景观和生产景观三个方面。在自然生态景观的建设中，应遵循乡土文化中崇尚自然的思想和理念。保护当地的自然环境，本身就是在维护乡村自然景观的原始风貌和特色，真正实现人和自然的和谐统一。乡村聚落景观作为看得见的乡土文化，属于乡土文化的重要组成部分，也是乡土文化的载体。不同的村落布局、建筑风格，均承载了不同的生活习俗和乡土文化，通过保护与传承那些传统的民居建筑风格并运用到乡村聚落景观的改造中，使它们展现出独具特色的聚落景观风貌。因此，充分利用乡土文化元素并运用到乡村景观的建设中，对体现乡村景观的地域特色具有重要作用。

（三）体现乡村景观建设的文化内涵

"和美乡村"体现的不只是单纯的文化和生态环境理念，也是一种生活方式。乡村景观的建设不能仅仅是对乡村居住、生产、生活环境的一种外在物质形态的构建，还应该体现出其内在的文化底蕴和内涵。

乡土文化是在农业社会中，农村文化和思想观念在世代传承的过程中，不断沉淀与发展而形成的具有特色的文化形式，是广大农民群体处理各种人与自然关系，人与人之间关系的过程中形成的智慧与结晶。乡土文化中所体现出的朴素的自然观、审美观和居住理念，无不影响着传统乡村景观的方方面面。村庄的选址、规划都择吉而居。

建筑的风格样式顺应当地的地形条件和气候条件，这本身也代表了一种朴素的自然观。另外，建筑的装饰等也体现着乡民们对美好生活的向往。乡村景观本身就是乡土文化的体现，处处体现着乡土文化的内涵。

乡土文化在乡村景观中的体现有两种形式：一是有形的，如乡村民居、牌坊、祠堂、戏台、桥梁、街道等；二是无形的，如自然观、居住理念、审美观等。二者相互联系、相互制约、相互促进。也正是因为这种长期形成的审美观、自然观的影响，才形成了与之相对应的乡村景观的风格样式和布局特点。在村庄建设的过程中，一定要坚持因地制宜，保留农村的历史文脉，保护生态环境和自然风貌，做到人与自然的和谐。首先在建筑理念上，要坚持保护自然生态环境的原则，使村庄回归自然特色，彰显农村绿色生态。其次在建筑风格上，要坚持体现民族地域和乡村文化特色的原则。村庄建设，一方面要破除一些老的、不合时宜的建筑设施；另一方面也要继承其中优秀的建筑文化，展示当地乡土文化气息。最后在建筑功能上，要坚持方便农民生产和生活的原则。村庄建设一定要符合农民的生产和生活特点，符合农民生产和生活的实际需要，使农民切身感受到方便和舒适。

当前许多地方在乡村景观建设中，忽视了本土文化的传承与保护，直接照搬其他地方的模式，往往会造成乡村景观文化内涵的缺失。因此，在新农村乡村景观建设过程中，要尊重并积极吸收本土优秀的传统文化，并把它运用到乡村景观的建设中去，实现本土文化与乡村景观建设的有机结合。

（四）有助于实现乡村景观建设经济价值和生态价值的统一

乡土文化传统作为一种多维的、复杂的文化体系，对农村经济具有直接或间接的作用功能。其经济功能的发挥表现出特有的空间特征、产业特征、市场特征和生态特征。乡土文化传统可以通过外化为乡土文化产品，外显为乡土文化景观，外现为乡土文化经济活动，外成为农业生产活动的组成部分来实现其显性经济功能；也可以通过内化为农民生产劳动的精神力量，内合为具有经济吸聚力的"气场"，内作为农业技术进入农业生产的文化过滤器，内构为乡土社会组织结构的控制性规范并实现其隐性经济功能。

乡村文化景观是乡村景观的重要组成部分，是由自然因素和乡土文化因素综合而成的、存在于地表并占据一定地理空间的文化生态体系。乡土文化景观构成中的人文因素既包括了物质因素，也包括了非物质因素。物质因素通常具有色彩和形态，易为感知，如村落、人物、服饰、桥梁、民宅、老街、古镇、手工作坊、生产对象等。乡土文化景观中的非物质因素，如生活方式、风俗习惯、价值观、审美观、道德观等。透过乡土文化景观中的物质外壳，人们就能在一定程度上探求到景观内部蕴含的非物质因素的人文深意。就经济效应而言，乡土文化景观中物质因素的独特组合若能与独特的人文活动相结合，将能构成一幅有吸引力的乡土旅游景观。因此，通过保护历史文物古迹，建设地方传统特色的民居建筑，加强乡村文化景观的建设，形成独特的文化产业链，促进第三产业的发展，带动乡村文化旅游产业的发展。

另外，当地特色的乡土文化元素的融入将极大提升乡村景观的文化内涵和地域特色，通过保护当地生态环境、建设民俗工艺品生产基地等，推动现代创意农业的发展。通过开展以生态观光、田园采摘为主的农事体验和休闲旅游，促进当地经济的发展，实现乡村生态价值和文化价值的统一。

<table>
<tr><td>项目三</td><td># 乡土文化元素在乡村景观
建设中的运用</td></tr>
</table>

一、乡土文化元素在乡村景观建设中的运用原则

（一）充分运用乡土文化中的非物质元素

乡土文化元素，是当地人在千百年的生活经验中对自然和土地及土地上的空间格局的一种适应方式，乡土文化元素蕴含着一定的文化意义和地方精神。它包括自然环境、农田、民居、街道、戏台、牌坊等物质形态的构成元素，还包括民风民俗、自然观、审美观等非物质的、无形的、精神意识层面的构成元素。传统乡村景观的建设本身就是遵循了乡土文化中顺应自然、融于自然的这一理念。

在乡村景观的建设中，不能仅仅局限于运用这些物质元素，要对它们进行保护、传承和现代化的改造。例如：保持乡村的历史古迹，传承传统的民居建筑风格等。还应对那些无形的乡土文化元素进行运用，例如：在乡村生态景观建设中，运用乡土文化中的自然观进行生态景观的建设和保护；运用并借鉴传统乡土文化的审美观、居住理念等进行聚落景观的建设和改造。这些有形的文化元素和无形的文化元素共同构成了乡村景观的文化基础。

（二）立足于乡土特色，体现地域特征

传统的乡村景观是在漫长的历史中形成的，它是与自然环境、生产方式、乡土文化相适应的产物。千百年来，它的演变发展过程也是随这些因素的变化而变化的过程。因此，传统的乡村景观具有相对稳定性和可持续性的发展特点，这也是传统的乡村景观具有浓郁的地方特色的关键所在。理想的乡村景观，表面上朴实无华，内在却体现着因地制宜、就地取材、充分利用当地特色的自然资源、人文资源和乡土文化理念，走可持续发展的道路。这些稳定性和持续性的特色是区域内人民群众的共同精神认知，是人们形成认同感、归属感，进而产生对家乡的荣誉感和自豪感的精神基础。

（三）实现文化价值、生态价值和经济价值的统一

乡村景观是千百年来人们对特定乡村自然环境开发的产物，由自然景观、聚落景观、生产景观构成。传统的乡村景观是乡村中人们世世代代赖以生产、生活和进行文化活动的空间场所，其本身就是生态价值、审美价值和经济价值的集中体现。先民们

将乡土文化符号应用在景观空间的塑造上，使乡村景观能够拥有新的功能，营造出满足人们物质、文化需要的乡村景观，综合考虑乡村景观中的经济、文化、产业因素，实现城乡景观价值的一体化。

（四）保护与创新并行，体现时代风貌

乡土文化不是一成不变的，它也是随着经济社会的发展而不断演变的。传统的乡土文化发展过程是一个朴素的、自然的过程，是随着经济社会发展和人们认识的不断提高而发展的，在审美观、居住观、行为方式等方面不断做出调整、改进。在这一过程中，乡土文化始终保持着传承与创新并行的理念。

在乡村景观的建设中，我们一方面要对乡土文化元素进行保护传承，将它们充分地运用到乡村景观的规划设计中；另一方面也要充分考虑到对这些乡土文化元素进行符合现代审美和现代生活需要的创新与改造。在这种情况下，就需要对传统的住宅进行符合现代人审美特征和生活需要的改造，寻求一种符合现代大众审美情趣的居住区景观设计风格。

二、乡土文化元素在生态景观建设中的运用

（一）乡村生态景观中的乡土元素

植被、水系、自然保护区等构成了乡村生态性景观。植被包括道路绿化走廊、森林绿地、生态防护林及大面积的植被斑块，在保护为主的前提下，植被的规划设计应当将这些自然生态环境进行统一的布局和设计，创造出宜人合理的开放空间，与乡村生活环境相协调。水系指的是河流、湿地等，通过对水系进行生态设计和规划布局，创造出优美灵动的水体景观。

（二）乡村生态景观中的"天人合一自然观"

乡土文化所蕴含的人与自然和谐相处的理念对乡村自然景观的建设具有重要意义。乡土文化中所折射出的敬畏自然、保护生态环境的理念体现了一种朴素的自然观。这种天人合一的自然观也贯穿了我国古代文化思想史，渗透到我国古代社会的各个领域。其反映到乡村景观的建设中，即表现为乡村景观中人与自然的协调共生。同样，乡村景观也在这种自然观的影响下，竭力追求顺应自然，着力显示纯自然的天成之美。

乡村广阔的田野，高高的山冈，蜿蜒的溪流，茂密的森林，隐现于其间的村落，体现着千百年来我国农耕文化对于"桃花源"般理想生存环境的向往。先民们也由此将生态文明同生活方式、生活质量、生活幸福感紧紧地联系在了一起。然而随着科技的进步，人们对自然的敬畏之心却淡薄了。由于日益增长的物欲追求，对自然资源的过度开发造成了严重的生态危机，进而表现为一种文化危机、生活危机。在经历了社会整合、经济崛起阶段后，回归生活逻辑、建设人与自然和谐的乡村自然景观成为必要。我们不能孤立地把生态景观的建设看成一项短时的景观建设"运动"。在新农村生

态景观建设过程中，牢固树立"珍惜现有田园风光，保存农业体验"的指导思想十分必要。

（三）运用当地乡土文化元素，体现特色生态景观

乡村生态景观的建设要树立朴素的崇尚自然、绿色的建设理念，在原有场地基础上不矫揉造作，不急功近利，不走过场地保持乡土真、纯的本色。提倡朴素的设计思想，正是对地方文化传承充分尊重的表现。这就要求充分利用现有资源，无论物质的还是精神的，最大限度地保留乡土文化元素中的闪光点，并予以发扬光大。朴素的建设思想不是简单的形状、色彩、外在肌理的形式上的朴素，更重要的是具有深刻文化内涵的独具个性化、风格化的意念上的朴素。建设具有乡土特色的乡村生态景观要采取以下几点措施。

1. 种植当地乡土植物

乡村非常宝贵的财富就是它所蕴含的朴素之美、地域之美。植物作为提升乡村风貌的重要元素，在其选择上以当地本土物种为先，进行合理配植，达到烘托乡村氛围、改善乡村环境的目的；植物群落构成自然、复杂且稳定；季相明显，色彩丰富。乡村造景元素取材当地，经济实用。用它们来营造乡村意境，具有造价低、周期短、生态效益高、养护管理粗放、景观品质高的特点。同时，要对具有乡土文化意义的古树等进行重点保护。

2. 使用本土生态材料

在乡村生态景观的营建过程中，采用当地随处可得的毛石、青砖、灰瓦、枯木、竹篾等材料进行组合搭配，不仅可以节约成本、降低生态影响，而且该材料的自然肌理和周围自然环境更加协调，增强了乡村的质朴之感。

3. 处理好保护与开发的关系

在乡村生态景观改造的同时，尽可能地保护乡村的原始面貌和布局。例如对于相关开发活动，要统一规划，合理设计，尽可能地保护原有林地、水道和乡村的原始肌理等。

三、乡土文化元素在乡村聚落景观建设中的运用

乡村聚落景观是最能体现乡村人文特征的景观。乡村聚落景观由乡村建筑和乡村生活环境组成，是乡村基础性的环境景观。保存完好、历史悠久的聚落具有非常好的观赏价值。乡村聚落景观规划设计要尊重原有的村庄肌理，尽可能少破坏原始的村庄形态，在这个基础上，控制建设用地的扩张，对乡村聚落的风貌和基础设施进行规划设计。乡村生活环境主要体现在庭院、街道、乡村的公共活动空间，如广场，公园，户外体育、文化设施场所等，这些环境是与村民生活接触最密切的。优美的乡村聚落景观能给村民带来最直接的幸福感受。

（一）我国传统乡村聚落景观中的乡土文化内涵

中国传统天人合一的思想内涵丰富，通过春秋战国时期《周易》所指出的"天人感应""道出于天"的内容来看，古人已经认识到人类是广大自然的一部分。到了汉代，董仲舒提出"天人之际，合二为一"的主张。到了宋代，随着理学的发展，"天人合一"这一思想正式被提出，把人与自然的和谐相处的关系解释得更加透彻。人与自然和谐共存的思想成为乡村聚落景观建设和传统建筑文化崇尚的最高境界。古代的民居、聚落都依赖于自然，顺应气候和地势等自然条件来进行布局建设。因此说中国传统建筑文化是中国文化的一种典型表现，是一种蕴含着丰富文化内涵的、极具现实性和实用性的人类文化景观。

研究表明，中国传统的聚落景观的建设宗旨是审慎周密地考察了解自然环境、顺应自然，有节制地利用自然，营造安全、健康、优美、舒适、有利于人类生存和发展的优良环境，获得最佳的天时、地利、人和，达到"天人合一"的境界。

（二）我国传统乡村聚落景观的布局

我国传统乡村聚落景观在创造优美环境景观和建筑造型艺术中，不仅十分注意与居住生活有密切关系的生态环境质量问题，还非常重视与艺术视觉感受密切相关的景观质量问题。景观的功能和审美是一个不可分割的整体。

一般来说，传统的乡村布局、民居建筑设计要根据地理地形条件特点，并充分利用地形地势，组合成不同的群体和聚落。传统聚落的布局讲究："静态的藏风聚气，势态和形态并重，动态和静态互释。"也就是说，强调人与自然融为一体。在处理居住环境和自然的关系时，要巧妙地利用自然形成"无趣"。对外相对封闭，内部则极富亲和力和凝聚力，以适应人们居住、生活、生存、发展的需要。我国传统乡村聚落景观的布局贴近自然，村落和田野融为一体，展现了良好的生态环境。同时，聚族而居的遗风也造就了优秀的乡土文化、淳朴的民风和深厚的伦理道德。

1. 乡村聚落景观的布局形态

一般来说，乡村的布局都是顺应自然地形的特点灵活布置。其大致有三种类型：一是沿街布局的乡村聚落景观；二是沿着水道布局的乡村聚落；三是山地型聚落景观。

沿街布局的乡村聚落分布非常广泛，村庄沿着一条热闹的集市街道进行布局，并以此形成村庄的中心。再从这条中心街向外延伸出几条小街巷，村庄内的住宅建筑都是沿街而建。在村庄的中心或村口，一般会有一个较为开阔的场所，作为乡民进行文化交流的场所。这种沿街布局的乡村聚落景观在平原地区尤为普遍。

沿水道布局的乡村聚落景观多出现在水资源丰富的南方，主要交通方式便是水运，村庄的布局一般沿着河道展开，形成了依水而居的民居特色，河道两侧多为民居建筑，村庄的街道也是沿着河道的方向而展开，由河道向外有许多小的街巷和两岸的街道相通。例如江南古镇周庄、西塘、同里等都是典型的依水而居的乡村聚落景观。

在一些山区，乡村的聚落布局主要是根据山地的地形特征，建造一组组的民居，各组之间由山路连接，它们上下错落，若隐若现于山间绿树之中。这些山地的聚落景观各不相同，巧妙地利用地形提供的地理条件，与自然融为一体，创造出各具特色的民居建筑群和聚落，构成耐人寻味的和谐的乡村景观。它们充分体现出乡民们巧妙利用自然、与自然和谐统一的朴素的自然观。

2. 极富哲理和寓意的村落布局

传统、优秀的建筑文化理念，不仅要求乡村聚落景观通过相地构形来寻求外在环境的独特景观，而且在聚落内部的布局中更是努力营造耐人寻味的景象。

（三）优秀的乡村建筑文化对住宅的要求

1. 足够的户外空间

在崇尚"天人合一"思想的中国传统建筑文化中，特别强调人、建筑与自然的和谐相生。住宅不应仅仅是人居住的场所，更应该注重人与人、人与自然，以及人与社会的和谐关系。因此户外空间是住宅不可缺少的功能空间，包括住宅的庭院、阳台和露台庭院。这些户外空间为人们提供了休息纳凉、晾晒衣被、品茶休闲的场所，是住宅沟通周围自然环境的过渡空间，也是邻里交往沟通的重要空间。乡村住宅的户外空间是不可缺少的，在乡村住宅的设计上必须对户外空间的设计给予足够的重视。

2. 适度的居住面积

住宅面积的大小和居住的人数成正比。拥挤的室内空间会使人产生压抑、心烦的感觉，而人少住宅面积过大就会显得冷冷清清，使人产生孤独寂寞的感觉，这样的住宅在民间被称为缺少"人气"。《黄帝宅经》中写"宅有五虚"，宅大人少为第一虚。现代建筑学认为，理想的卧室一般在 $12\sim15\ \mathrm{m}^2$ 为最好，客厅 $30\ \mathrm{m}^2$ 为宜，厨房 $9\ \mathrm{m}^2$ 为宜，厕所 $6\ \mathrm{m}^2$ 为宜。因此住宅室内面积最小应达到 $55\sim60\ \mathrm{m}^2$，即便一人居住也是如此。然后根据人数的多少再相应增加面积，一般每增加一人面积增大 $12\sim15\ \mathrm{m}^2$ 就可以。

3. 充足的采光和通风

采光和通风是优良住宅最具有代表性的特点。采光是指住宅接受阳光的程度，阳光具有消毒的作用，非常有利于人体的健康。在古代，阳光还起到对室内取暖、保暖的作用，这也是我国住宅一般采用面南背北布局的原因。通风也是住宅布局的关键影响因素，许多住宅往往通风不好。特别是当今一些钢筋水泥的房子，其建筑材料本身就不具备调节湿度的能力，房间空间又小，结构相对复杂，很容易造成通风不好的弊端。

在住宅通风的设计上要注意三个关键因素：一是环境因素；二是房屋窗户的设置；三是房屋内的结构设计。《养生随笔》中提出："南北皆宜设窗，北则随设常关，盛夏偶开，通风而已。""窗做左右开合者，槛必低，低则多风。宜上下两扇，俗谓之合窗。清明时挂起上扇，仍有下扇作障，虽坐窗下，风不得侵。"这些都说明了古人对住宅建筑通风设计非常重视和讲究。

4. 合理的湿度卫生

古人对住宅湿度早有认识，《养生随笔》中就已经明确地提出过于潮湿的地方不宜居住。《黄帝内经》曰："地之湿气，感则害皮肉筋脉。"对于住宅的湿度控制，既不能过于潮湿，又不能过于干燥，应保持在一定的范围之内，也就是人体可接受的水平。因此建筑周围环境的选择很重要，在住宅周围种植一些树木植物有利于调节住宅内的湿度，另外通风采光的设计也能起到调节室内湿度的作用。

5. 必要的寒暖调和

古代没有今天的取暖纳凉设备，因此在住宅的设计上对寒暖调和非常重视，非常强调住宅的冬暖夏凉功能。在住宅围护结构的设计上，要考虑如何适应一年四季的冷暖气候变化，一般在住宅的布局上采取背阴抱阳的布局。

6. 实用的功能布局

住宅的主要功能是用来居住的，住宅布局一定要合理，符合人的生活习惯和家居的行为方式。另外在住宅的功能布局上还要考虑实用性。

7. 和谐的家居环境

住宅除了居住功能之外，还要充分考虑人与自然的和谐统一。例如：室内可以适当种植一些花草，营造一个温馨、舒适的居住环境。在室外对住宅周围的环境进行设计，营造一个绿树成荫、鸟语花香、空气新鲜的居住环境。这些都是人们所向往的理想家居环境。安居才能乐业，因此安全也是和谐家居的一个关键因素。在进行住宅设计时，要加强防震、防火、防盗等功能。

8. 优雅的外观造型和装饰

住宅建筑除了实用功能外，审美功能也必不可少，这体现在建筑的外观造型和装饰上。住宅的造型和装饰不仅给人以家的温馨，还体现着内在的文化品位。因此要充分考虑住宅的外观造型和装饰的设计。乡村景观中的民居还应该注意整体造型和自然环境的和谐，既要体现出本地的特色，又要体现出乡村古朴的传统审美观。我国江南徽派的民居建筑，以青砖、黛瓦、马头墙、砖木石雕、层楼叠院、高脊飞檐、曲径回廊等特色充分体现了我国传统建筑的审美观。

项目四　乡村景观建设中乡土文化的保护、传承与创新

随着社会发展进程的不断加快，农村产业结构调整的力度不断加大，传承数千年的古老乡村正在经历巨大的变化。古朴的田园景色、充满温情的宗族邻里关系及传统的乡村社会结构都遭受了极大的冲击。许多传统民居及古祠堂、古树木等遭到破坏，众多非物质文化遗产也逐渐在现代化浪潮中被湮没，乡村传统文化的传承与发展遭遇严重挑战。乡土文化遗产是中华民族宝贵的精神财富之一，也是民族历史文化和人们精神情感之根。在新农村乡村景观建设过程中，如果我们放松了对乡土文化的保护，放弃了对乡土历史的传承，以简单粗暴的建设手段强势推进，那么千百年积淀的乡土风貌和文化景观将会迅速消亡，随之而来的是家园感的丧失、乡土文化认同的崩溃，以及草根信仰体系的动摇。

为了应对这种挑战，和美乡村建设为乡村传统文化的发展提供了重要契机、带来了良好机遇，有利于唤起人们的乡土意识，对于重振乡村精神、增强农民自豪感具有重要意义。乡土文化是教育后人、了解历史、凝聚国民、陶冶情操、净化灵魂的载体。它既是团结凝聚广大人民群众的重要纽带，也是珍贵的文化资源和文化资本。积极保护与传承乡村传统文化，对守住文化之根、民族之魂，坚定文化自信，实现中华民族伟大复兴的中国梦具有重要意义。

因此，对优秀的乡土文化进行保护、传承和创新是目前现代乡村景观建设中面临的一项重要任务和课题。

一、乡村景观建设中乡土文化的保护途径

（一）构建保护机制，对乡土文化保护进行长远、科学的规划

对乡土文化的保护，应当根据乡土文化保护的客观需要，明确乡土文化保护的重点内容，以及组织结构设置中的各项职责，确保各项保护措施的有效贯彻与落实，逐渐建立起立体化的乡土文化保护机制。因此，地方政府应当对此给予更多的重视，压实乡土文化保护的历史责任，加大财政投入的力度，拓宽文化继承与宣传的阵地，避免民间传统文化的断层和文化传承人才的流失。例如，在一些工业远迁、旧城改造的过程中，建立和完善保护制度等措施，为乡土文化的有效保护提供了有力的保障。

（二）强化乡土文化教育

乡土文化的有效保护，离不开有效的乡土文化教育。各地教育机构必须充分认识到当代区域教育的特征和使命，通过教育形成良好的乡土文化保护氛围。首先，全社会要加大对乡土文化的报道和宣传力度，以多种形式呼吁全社会对乡土文化的重视，提高人们保护乡土文化的责任感和使命。其次，加大对下一代的教育，要让学生走出学校和课堂去亲身感受乡土历史文化，欣赏更好的传统节目和手工艺制作方法，多接触古建筑等遗址，增强学生对于历史和乡土文化的亲近感和接受度。

（三）加强对乡村景观建设中乡土文化元素的保护

乡村景观建设中的一个老问题，就是拆和建的问题，拆的原因无非有两个：一是为建设新的提供空间；二是旧的不符合时代审美要求。无论是哪一个原因，都需要面对旧的去留问题。在和美乡村建设中，无论是政策制定者，还是建设实践者，都应当怀有一种浓浓的文化情怀，对文化有爱惜之意、敬畏之心。

一方面，由于历史文化遗存具有不可复制性，在村庄建设和环境整治中，要尊重历史记忆，对于有景观价值和文化底蕴的深宅古巷、祠堂、亭台、楼阁、水井、牌坊等，应尽可能予以保留。充分发掘、保护和利用好这些历史文化遗存，使它们能够更加完整地成为乡土文化的载体。它们既有独立性，更具群体性，把这些充满乡村风情的景致组合并融入乡村景观之中。在乡村景观的建设改造中，将具有保留价值的聚落景观与新建居民区分开，以便于更好地保护这些具有传统价值的民居建筑。在条件成熟的乡村可再规划建设新的居民点，将地域文化元素或符号运用到新建民宅或旅游等配套设施上。

另一方面，加强对历史文化遗存的恢复，立足当地的社会历史文化背景，以艺术的手法、科学的理念还原或再现。通过对现有景观进行恢复与功能再造，赋予其新的内涵，并使其获得再生，得以传承和发扬。

二、乡村景观建设中乡土文化的传承

乡土文化的传承包含两方面的含义：一是物质层面的乡土文化传承；二是非物质层面的乡土文化传承。

（一）乡土文化的选择性传承

乡土文化是中华传统文化的重要组成部分，是在一个特定的地域内发端、流行并长期积淀，带有浓厚地方性色彩的文化，包括物质性文化和非物质性文化两个层面，是物质文明、精神文明及生态文明的总和。各个不同地区的乡土文化具有一些共性特点，都包含了诸如语言、习俗、价值观、社会组织形式等农民群体祖辈形成的文化因子，是特定区域的共性文化积淀，具有鲜明的地域特色，既涵盖了中华优秀传统文化中的一些共性因素，又涵盖了具有地方特色的民风、民俗、价值观和社会意识。各地乡土文化包罗万象，它们大多是在农业基础上发展起来的，很多内容都与传统的等级制度和家族家法相关，因此难免有其保守性。对于各地具有地方特色的古建筑、器具、服饰、工艺品、戏曲、手工艺、节庆活动等，我们应当给予积极的保护和传承，而对于那些不好的部分则应当去除，最终做到对乡土文化有选择、有重点地保护和传承。

（二）非物质层面的乡土文化传承

乡土文化是先民在长期生活生产实践中形成的朴素的文化形态，其中有许多优秀的非物质层面的精神内涵。这些优秀的精神内涵也是中华文化的重要组成部分，因此在新农村建设中应给予高度重视并得到传承。例如：传统乡村聚落的布局讲究"天人合一"的理念，在聚落景观的建设中，讲究"静态的藏风聚气，形态的礼乐秩序，势态的形式并重，动态的动静互释"等，这些都强调人与自然的和谐统一关系。在处理居住环境和自然环境的关系时，注意巧妙地运用"天趣"，以适应人们居住、生产、文化交流、社群交往，以及民族的心理和生理需求。重视建筑群体的有机结合和内在理性的逻辑安排，虽然在建筑单体上千篇一律，但是在群体安排上却变化万千。再加上朴素的"天人合一"审美观的影响，房前屋后种植上花卉树木，形成独具特色的乡村景观。此外，传统的乡村景观建设还包含择吉而居、负阴抱阳的传统思想。这些优秀的乡土文化理念都应该在今天的乡村景观建设中得到借鉴和传承。

（三）物质层面的乡土文化传承

乡村景观中物质层面的乡土文化元素主要是指以物态形式存在的元素，包括民居建筑、街道、牌坊、石桥等。在乡村景观的建设中，除了对传统有价值的乡土文化元素采取最大程度的保护外，还要通过加大对它们设计风格和特色的研究，在乡村的建设中传承这些具有地方审美特征的乡土文化元素。例如：在传统的民居中大多都是以"天井"为中心，四周是房间，还有外围不开窗的高墙，主房面南，其他面向"天井"。这种建筑模式既满足日照采光、通风、晒粮，又能满足邻里交往。在"天井"院内可以种植花草、陈列盆景、筑池养鱼等。这种"天人合一"的建筑模式已经引起国内外设计师的重视，在当前乡村民居的建设中应该得到传承。另外，在乡村景观建设中，那些具有本地传统特色的桥梁、街道、文化休闲广场等，对于它们的建筑风格、建筑审美情趣和建筑材料的应用，也应该得到重视和传承。

三、乡村景观建设中乡土文化元素的创新

随着我国社会主义新农村建设进程的不断推进，乡土文化被赋予了新的内涵。我们在对其进行保护与传承的同时，更需要顺应时代发展的要求，进行更高层次上的创新与发展，进一步凸显地方特色，提升当地乡土文化的影响力，孕育出既有乡土特色又有时代气息的新文化，这已经成为对乡土文化进行保护与传承的有效途径之一。

乡土文化不是一成不变的，而是随着社会的发展而变化。这些变化主要体现在人们的生活习惯、生产方式、审美情趣、居住理念、交往形式等方面，它们直接影响了乡村景观建设的风格、特点和功能的转变。传统乡村景观是在适应当时生产力水平和生活需要的基础上形成的。今天，随着现代经济的发展和现代生活方式的转变，在乡村景观的建设中需要充分考虑这些新的变化。例如，民居的功能会随着现代生活方式的转变而改变。传统民居由于功能单一和独立，基本上可以独立设计建造，而今天的民居建设在规划前就要充分考虑到电缆、网线、水电暖管网的安装等因素，在建设规划上也要充分考虑到整体居民区的格局，使住宅与整体社区相统一。因此今天的乡村民居建设更加注重整体性和统一性原则。从功能和布局上看，一些乡村住宅已经具备了城镇社区的特征和功能。

另外，在单个民居建筑的功能设计上，要充分考虑到车库、起居室、浴室等现代人生活需要的功能空间。室内的装修样式风格也要符合现代人的审美习惯和情趣。民居建筑的外观和建筑材料既要考虑到整体民居的风格特征，又要防止千篇一律的设计。另外，传统的街道和乡间道路已经无法满足今天的交通需要。这些现代化趋势的变化都要求对传统乡村景观中的乡土文化元素进行创新改造，以适应今天的社会发展和人民生活水平提高的变化。

以河北民居创新为例，通过对冀东地区脊砖瓦房民居、冀北四合院、冀南"两甩袖""布袋院"等民居建筑风格的传承创新，建成了张家口民居、太行山民居、合院式民居等新型民居风格，既体现了民居建筑风格的乡土文化特色，也体现了传统民居建筑风格的创新发展。

综上所述，现代化进程给乡土文化的保护与传承带来了很多挑战，但是随着和美乡村建设的不断深入，也给乡土文化的传承与保护提供了历史机遇。对乡土文化特色进行有效保护，并在乡村景观建设进程中进行有效传承和适度创新，已经成为破解乡土文化保护困境的关键之策。我们只有实现乡土文化的保护、传承与创新的有机统一，才能真正迎来乡土文化发展的"第二春"。因此，给予乡土文化元素以足够的解读、尊重和运用，使之重新融入今天的乡村景观建设中去，使历史文化遗产与现代文明相得益彰、相映生辉，重塑人与自然和谐共生的关系，这对维持农村生态、文化特色，并建成一个经济发展良好、文化内涵丰富、看得见青山、记得住乡愁的和美乡村具有重要意义。

思考题

1. 简述乡土文化的基本概念、内涵特征。

2. 简述乡土文化的价值及其在乡村景观建设中的作用。

3. 试拟一套关于乡村景观建设中乡土文化的保护、传承与创新方案。

模块八 建设和美乡村的措施

学习目标

知识目标：

和美乡村建设是人与自然、物质与精神、生产与生活、传统与现代融合在一起的系统工程，不仅涉及生态环境、基础设施等，更涉及历史、文化、生产、生活等方方面面。它是推进生态文明、统筹城乡发展、提高城乡一体化水平的客观要求，也是提升广大农民生活品质的重要举措。

能力目标：

1. 掌握和美乡村规划建设多措并举的方式方法；
2. 了解乡镇企业转型的类型及方式；
3. 掌握村庄环境整治的方法与策略；
4. 了解农村特色文化产业的发展趋势。

项目一 建设提质增效的产业体系

经济发展和生活富裕是和美乡村建设的保障，经济发展与生态环境密不可分，良好的生态环境是可持续发展的重要基础。随着社会经济的快速发展，生态环境与经济快速发展之间的矛盾越来越明显。面对生态环境保护和经济发展之间的矛盾，和美乡村建设不应将保护与发展对立起来，而应将生态环境视为发展的要素之一，积极拓展生态资源利用的领域，将生态价值切实转化为发展的动力，在不破坏生态环境的前提下，大力发展生态产业，走生态环境与经济社会协调发展的道路。坚持在保护中促进发展，在发展中加强保护，突破经济发展和生态环境保护的"瓶颈"。

一、推动优势特色产业

特色产业是一定区域范围内，以资源条件为基础，以创新生产技术、生产工艺、生产工具、生产流程和管理组织方式为条件，制造或提供有竞争力的产品和服务的部门或行业。在和美乡村建设过程中，应充分认识本村的自然资源，结合现有的产业基础，选择合适的产业发展。在产业发展过程中，要注重协调镇域、县域产业规划和当地其他资源的联合开发，并通过突出重点、打造亮点的策略来强化示范效应和扩大效应，通过规模化、产业化进一步延伸产业链条，吸引社会资金合理流入农村，实现资源的集聚效应，确保乡村特色产业的可持续发展。

（一）加强组织领导，大力宣传发动

发展村级特色产业是提升农业竞争力、发展现代农业、推进和美乡村建设的战略举措，基层政府要加强对发展村级特色产业的组织领导，明确分管部门和工作职责，齐抓共管，确保工作顺利推进，并在组织保障的基础之上，切实加大对特色产业的宣传，为产业发展营造良好的群众氛围。积极组织开展先进经验和致富典型的宣传活动，激发广大农民学先进、学典型的热情，增强广大农民自主创业的热情，推动产业深入发展。

（二）制订发展规划，建立激励机制

农民由于自身认识的局限性，无法把握各方面的信息来制订产业发展规划，政府有义务在认真研究本地资源、区位和布局特点，找准产业和产品发展切入点的基础上，帮助农民制订特色产业发展规划，明确各阶段的实施重点和发展目标，加强宏观指导。同时，要对产业项目的推进实时跟踪，并辅以一定的激励措施，在规划实施期内，每年制定奖助标准，对实施规划的情况进行追踪，对成绩突出的单位或个人给予表彰，激发群众参与产业发展的积极性。

（三）培育产业农民，建立合作组织

农民是特色产业发展的主体。村级产业发展关键是培育新型农民，让农民认识自我，认识本村资源优势，认识本村发展潜能，努力开发具有本村特色的产业和产品。农村合作经济组织是特色产业发展的有效载体，能提高农民进入市场的组织化程度，有效规避或降低市场风险。通过培养新型农民、培育新型农村合作经济组织，完善产业发展的生产经营体系。

（四）注重财政引导，加强信贷支持

产业调整初期需要财政有倾向性的引导来带动，对于合乎村情的产业，财政应给予一定的帮扶来促进其发展。同时，要多渠道保证金融资源的供给，灵活财政和信贷政策，积极开展农户小额贷款业务，通过担保、入股、订单、抵押等多种形式，提高产业资金投入总量，为产业发展提供资金保证，助推特色产业发展。

在现代社会中，生活节奏越来越快，工作、家庭等各方面的压力越来越大，人们需要缓解紧张的情绪来获得身体上的轻松和内心的自由，于是有很多人会通过享受大自然的美景来调节身心，从而帮助自己祛除浮躁，回归自我。因此，在和美乡村建设过程中，应当善于利用与开发自然界赋予人类的独特资源来提供旅游休闲服务，这种发展模式如果运行得当，将取得丰硕成果。

休闲农业是利用农业景观资源和农业生产条件，发展观光、休闲、旅游的一种新型农业生产经营形态。休闲农业也是深度开发农业资源潜力、调整农业结构、改善农业环境、增加农民收入的新途径。休闲农业的基本属性是以充分开发具有观光、旅游价值的农业资源和农业产品为前提，把农业生产、科技应用、艺术加工和游客参与体验农事活动等融为一体，供游客领略在其他风景名胜地欣赏不到的大自然情趣。休闲农业是一种以农业活动为基础，农业和旅游业相结合的新型的交叉产业，也是以农业生产为依托，与现代旅游业相结合的高效农业，主要分为以下四种类型：

农事体验型，即根据各地特色和时节变化设置不同的农事体验活动，精心打造现代农业园区，集观赏、食宿、娱乐等多功能于一体的休闲农业精品园。

景区依托型，即通过乡村旅游对生态资源、产业资源进行项目化整合，推进环境优势向产业优势转化，有效带动一批农业基地和加工企业的建设，加快推动一系列农副产品成为休闲旅游商品。

生态度假型，即依托优良的自然山水资源，融合生态养生的理念，借鉴民宿的发展经验，加快周末观光向休闲养生转变，拓展服务功能，加快大型现代生态农庄、高档乡村休闲会所、老年康养公寓建设步伐。

文化创意型，即根据壮大休闲产业和文创产业相关的扶持政策，并依托农业园区、示范基地和旅游集散地的辐射功能，大力推进乡土文化培育与产业化运作，建设展示、体验于一体的乡村文化创意场所，增强休闲旅游业的文化内涵。

全国各地的发展实践表明，休闲农业与乡村旅游的发展不仅可以充分开发农业资源，调整和优化产业结构，延长农业产业链，带动农村运输、餐饮、住宿、商业及其他服务业的发展，促进农村劳动力转移就业，增加农民收入，而且可以促进城乡人员信息、科技、思想的交流，增强城市居民对农村、农业的认识和了解，加强城市对农村、农业的支持，实现城乡协调发展。

二、鼓励农民自主创业

农民增收渠道主要依靠的是传统的劳动力和土地资源。要快速、长效地提高农民的收入水平，必须坚持就业与创业并重，在大力推进农村劳动力转移的同时，鼓励农民群众自主创业，让更多的农民通过直接掌握生产资料来创造财富，提高资产性收入在农民收入中的比重。为促进农民增收，通过引导扶持，将一批符合条件的富有创业、创新精神的农民创业主体培育成为农民合作经济组织的法人或企业法人，培育成为有技术、善经营、会管理的农民企业家，培育成标准化生产、规模经营的种养大户，充分发挥他们在推进标准化、规模化、专业化生产和产业化经营，以及现代流通、劳务经济、农民创业致富中的带动作用，在农村形成强大的创业力量。为此，政府和社会各方面必须采取切实有效的引导措施，激励农民创业。

（一）鼓励农民做"老板"，兴办个体、私营企业

要支持农民特别是经营管理能人和具有一技之长的农民大胆创业。一方面，政府要千方百计降低农民创业的门槛，支持农民开店办厂做"老板"；另一方面，要加强对农民的科学文化教育、技术和经营管理知识的培训，为未来创业做好充分准备。

（二）建立农民教育培训体系，提高农民创业能力

农民创业需要实用技术和技能。因此，政府和社会要利用现有的教育基础设施和专业科技人员，抓紧抓好农业富余劳动力的技术指导和培训工作，帮助他们拓宽生产经营活动的门路，提高他们对市场经济的适应能力。一是制订农民科技教育培训规划，培养懂技术、善经营的转型职业农民。二是实施"新型农民创业培植计划"，按照农业产业结构调整和专业化生产的需要，选拔培训一批具备创新精神的青年农民，通过政策引导、创业资金扶持和后援技术支持，将其培育成进行规模化和专业化生产的中坚农户，提高农业集约化、商品化、专业化和基地化水平，促进传统农业向现代农业的转化。

（三）建立健全融资体系，解决农民创业资金来源

为农民创业者提供一个顺畅的融资渠道，建立农民创业融资体系，是激励农民创业的关键性措施。一是发挥农村信用社的融资主渠道作用。农村信用社是最好的联系农民的金融纽带，建立农民创业融资体系应充分发挥农村信用社的作用。二是改革现行的贷款制度。要为农民开办以土地承包经营权为抵押的贷款业务；全面推广小额贷款，为自主创业农户发放贷款；设立专项资金帮农民回乡创业。

（四）构筑平台，营造农民创业的硬件环境

一是要加快民营园区建设，使其成为农民投资创业的主要发展空间。二是要扶持壮大龙头企业。要通过政策服务等手段，扶持现有的一批具有带动辐射能力的民营企业发展壮大，帮助他们搞好二次创业，充分发挥他们对发展农民创业的带动作用。三是要加快市场体系建设。着眼农民创业，解决"有市无场"或"有场无市"的问题。

（五）努力营造优质的服务环境、

农民创业，政府的核心任务就是搞好服务，通过优质的服务让投资者满意，让创业者放心。按照农民创业发展的内在要求，在机构设置、职能确定、人员配备、行政方式上，要让生产力说了算。在信用担保、信息咨询、科技服务、法律保护等方面为农民创业"开绿灯"，搭建一个更加优质便捷的服务平台。

（六）发现培养创业农民，着力打造农民经纪人队伍

一是充分发挥农村能人、大户致富的示范、带动和帮扶作用。实践证明，农村先富起来的能人、大户对当地农民创业增收具有极大的示范、带动和帮扶作用，能起到事半功倍、立竿见影的效果。二是加快培育各类农民经纪人队伍。要对经纪人队伍进行扶持和引导，提高素质、提升档次，使经纪人队伍成为农民创业的"牛鼻子"。

（七）发展新经济组织，提高农民创业的组织化程度

要加快经济组织创新步伐，成立各种产业协会、经济联合体及销售公司等各类流通经济组织。要成立商会，组建各类行业协会、中介组织等，各类民办民管的专业协会和经济联合体必须坚持由农民自愿组织、自主管理，各级党委、政府要加强扶持与监督指导。由农民投资形成的经济联合体既是一种专业合作组织，又是开展企业化经营，乃至发展成为公司性企业的前奏。对此，必须加强引导和扶持。

三、推进乡镇企业转型

乡镇企业的发展，能够促进国民经济增长和支持农业发展，对增加农民收入和吸纳农村富余劳动力、壮大农村集体经济实力和推进农村社会事业发展具有不可替代的作用。一个组织在成长过程中需要转型的机会比较有限，但战略转型却非常重要。对于乡镇企业而言，转型是一种扬弃。过去的成功经验应该加以发扬，要继续发展自己的优势产业模式。同时，针对面临的外界压力和自身存在的问题，要适时地进行转型，以适应社会主义市场经济发展的实际情况。转型意味着战略调整，包括产权的改革、组织结构的转变、产品结构的更新、企业科技的创新、信息技术的发展等要求，主要包括以下四个方面的内容。

（一）发展模式的转型

乡镇企业来源于集体经济和个体私营经济，相对于国有经济来说，它具有与生俱来的缺陷，其产权结构、产品结构等方面存在与市场要求不符的因素。转型意味着改变原有的路径，通过产权的改革、管理体制的转变，摆脱地方政府的行政干预，充分利用市场的资源，形成一种符合市场规律、具有竞争优势的发展模式。

（二）发展思路的转型

如果没有正确的方向，只会让企业走入绝境。要用先进的发展理念武装企业，在经营者和管理层中更新发展思路，增强创新意识，坚持科学发展，赢得比较优势。

（三）产业结构的转型

产业层次较低是乡镇企业的共性问题。从乡镇企业的实际情况来看，本地资源型产业、劳动密集型和低效型产业比重大，在市场竞争中处于劣势。因此，必须结合自身实际，提高产业层次，立足自身优势，加大技改力度，建立起自己的高科技企业群。

（四）企业结构的转型

乡镇企业的主要弱点是主导产业无优势、骨干企业无规模、产品结构无特点，而现在市场经济的竞争主要是优势产业之间、巨型企业之间、精品名牌之间的竞争。一直以来，相对于国有企业、外资企业来讲，乡镇企业在产业特色、品牌建设、企业核心竞争力建设上存在较大的不足，因此必须在骨干企业规模、竞争品牌上寻求突破。要积极推进乡镇企业战略性重组，通过多种资本营运形式，加速资产向优势产业集结、向骨干企业流动、向高效产品汇集，进而培养起自己的竞争主体。

项目二 打造清洁舒适的生活空间

良好的生态环境是人和社会持续发展的基础。和美乡村是美丽中国的基本单元，要建设美丽中国，首要任务是全面提升农村生态环境，努力把农村打造成环境优美、生态宜居、底蕴深厚、各具特色的和美乡村，并积极推动社会物质财富与生态财富共同增长、社会环境质量与农民生活质量同步提高。

一、开展村庄环境整治

整洁优美的村庄环境是和美乡村建设的核心，体现的是一种内在"美"。宜居、宜业、宜游的和美乡村，是农民幸福生活的家园和市民休闲旅游的乐园，既要重视规划建设上的高水平、高质量，更要重视管理创新，不断促进和美乡村建设的可持续发展。增强农民的生态环保意识，着力改造传统的生产生活方式，大力推行清洁生产和绿色消费，力求把和美乡村打造成为没有门票、开放共享的景区。

（一）整治生活垃圾

集中清理积存垃圾，完善村内环卫设施布局，提高垃圾收集设施建设标准，做到村庄垃圾箱配备、位置设置合理，颜色、外形要与村庄风貌协调。建立健全保洁队伍，强化村庄生活垃圾集中无害化处理，积极推动村庄生活垃圾分类收集、源头减量、资源利用，建立比较完善的"组保洁、村收集、镇转运、县处理"生活垃圾收运处置体系。

（二）整治乱堆乱放

全面清除露天粪坑，整治畜禽散养问题。拆除严重影响村容村貌的违章建筑物，整治破败空心房、废弃住宅、闲置宅基地及闲置用地，做到宅院物料有序堆放，房前屋后整齐干净，无残垣断壁。电力、通信、有线电视等线路以架空方式为主，杆线排列整齐，尽量沿道路一侧并杆架设。

（三）整治河道沟塘

全面清理河道沟塘内的有害水生植物、垃圾杂物和漂浮物，疏浚淤积河道沟塘，重点整治污水塘、臭水沟，拆除障碍物，疏通水系，提高引排和自净能力。加快河网生态化改造，加强农区自然湿地保护，努力打造"水清、流畅、岸绿、景美"的村庄水环境。

（四）整治生活污水

优先推进位于环境敏感区域、规模较大的规划布点村庄和新建村庄的生活污水治理。建立村庄生活污水治理设施长效管理机制，确保设施正常运行。完善村庄排水体系，实现污水合理排放，有条件的村庄实行雨污分流。加快无害化卫生户厕改造步伐，根据村庄人口规模、卫生设施条件和公共设施布局，配建水冲式公共厕所，原则上每个村庄至少配建 1 座。

（五）整治工业污染源

加强村庄工业污染源治理，建立工业污染源稳定达标排放监督机制，严格执行环境影响评价及环保"三同时"制度。对已审批的落后、淘汰工艺，责令企业限期技术改造。对未经审批的企业，要依法取缔、关闭。

二、提高资源循环利用

和美乡村不仅需要原生态的青山绿水，更需要对低碳减排的重视和现代生活方式的培养。农村既是能源的消费者，也是能源的生产者，既是废弃物的产生地，也是废弃物资源化利用的开发地。运用沼气、太阳能、秸秆固化碳化等可再生能源开发技术，推进沼气供气发电、沼肥储运配送及太阳能光伏技术等在农业生产、农村生活中的应用，可以实现物质能量循环利用，有效提高农业资源利用率，改变农民传统的生活方式，提高节能环保意识，为培育新型农民奠定基础。

（一）沼气

沼气作为一种可再生能源和清洁能源，已被我国各级政府确定为解决农村能源问题的重要开发能源。它可以用来做饭、照明、发电、生产供热等，也可以替代汽油、柴油用作农业机械的动力能源，能在很大程度上减少空气污染。冬季在蔬菜大棚里点燃沼气灯，可以增加棚室温度，沼气燃烧后产生的二氧化碳又是一种气体肥料，能促进作物生长。从沼气池中抽出的沼液和沼渣是优质的有机肥料，不仅能替代化肥，还能改良土壤。用沼液、沼渣种植的瓜果蔬菜是无公害农产品，市场价格相对较高。沼气建设改善了农民家居环境和卫生状况，对提高农产品产量和质量、消除传染源和降低疫病发生率具有重要作用。

在我国长期的农村沼气建设实践中，形成了南方"猪沼果"、北方"四位一体"和西北"五配套"三种最具典型的能源生态模式。将种植业与养殖业有机联结，实现了向资源循环利用型生态农业的转变。农林废弃物致密成型技术实现了废弃物的资源化利用，拉长了农业产业链，实现了农业资源的再生增值。

（二）太阳能

太阳能是一种清洁能源，目前已在我国得到较大范围的应用。为了推进农村节能节材，促使农村路灯、太阳能供电、太阳能热水器等太阳能综合利用进村入户，不断拓宽农村能源生态建设内容；在水产养殖、养猪、鸡场育苗、花卉苗木上应用推广了地源热泵、太阳能集中供热系统；在太阳能杀虫灯、太阳能路灯、庭院灯、草坪灯基础上，试点推广了太阳能光伏瓦发电，大大拓展了传统的农村能源利用范围；太阳能杀虫灯和沼肥在现代农业中的广泛运用，有利于减少化肥、农药使用量，提高农产品质量和安全水平。

（三）风能

风能是由于地球表面大量空气流动所产生的动能，是一种可再生、无污染且储量巨大的清洁能源。对风能的利用，在当前社会主要表现为风力发电。开发利用风能资源，既是开辟能源资源的重要途径，又是减少环境污染的重要措施。

三、推进乡村民居改造

中国要美，农村必须美。当前，全国各地都在大力推进和美乡村建设。村庄建设要注意保持乡村风貌，营造宜居环境，使城镇化和新农村建设良性互动。

建设和美乡村，按照"科学规划布局美"的要求应坚持以下原则。

（一）规划引导

强化规划的先导性和控制性作用，引导农民依法依规相对集中建房，确保农村住房建设规范有序，改善农村人居环境。

（二）量质并重

围绕推进乡村全面振兴目标要求，引导和鼓励农民投资建房和改造危房，建立健全农村住房质量保障体系，确保农村住房数量适度增长，建设水平和质量稳步提升。

（三）农民自愿

坚持农民主体地位，在充分尊重农民意愿的前提下，按照以人为本、经济适用的要求，积极引导和组织农民新建、改建住房，不搞强迫和"一刀切"，切实保障农民合法权益。

（四）突出特色

尊重各民族生产生活习惯，注重保护、挖掘和传承村镇的自然、历史、文化、景观等特色资源和优秀传统建筑文化，在建房中突出民族特色、地方特色和时代特征。

（五）科学发展

按照节能、节地、节水、节材和环境保护的要求，严格农村住房标准，完善管理措施，切实改变长期以来形成的高投入、高消耗、低效率的建设模式，兼顾环境效益、社会效益和经济效益。另外，在建设和美乡村的过程中要注意改造危旧房，加强农户建房规划引导，提高农户建房的标准，做到安全、实用、美观，推进农村危旧房改造和墙体立面整治，改善视觉效果。

四、加强基础设施建设

农村基础设施是农村经济社会发展和农民生产生活改善的重要物质基础，加强农村基础设施建设是一项长期而繁重的历史任务。开展和美乡村建设，亿万农民既是受益主体，又是主力军。在农村基础设施建设中，要坚持政府主导、农民主体，通过政府强有力的支持，组织和引导广大农民发扬自力更生、艰苦奋斗的优良传统，用辛勤的劳动改善自身生产生活条件，改变落后面貌，建设和美农村。

（一）对农村基础设施建设的科学规划

在农村基础设施建设过程中，必须坚持科学规划，明确农村基础设施建设的总体思路、基本原则、建设目标、区域布局和政策措施。规划既要立足当前，从实际出发，明确阶段性具体目标、任务和工作重点，有步骤、有计划地加以推进，又要着眼长远，体现前瞻性。在制订农村基础设施建设规划时，既要做到尽力而为，努力把公共服务延伸到农村去，又要坚持量力而行，充分考虑当地财力和群众的承受能力，防止加重农民负担和增加乡村负债搞建设。既要突出建设重点，优先解决农民最急需的生产生活设施，又要始终注意加强农业综合生产能力建设，促进农业稳定发展和农民持续增收，切实防止把和美乡村建设流于形式。

（二）对农村基础设施建设的分类指导

各地和美乡村建设起点不尽相同，进程有快慢之别，农村基础设施建设必须坚持从实际出发，实行因地制宜、分类指导。在农村基础设施建设中，要把加强农田水利建设、提高农业综合生产能力、改善农民生产生活条件、发展壮大县域经济放到重要位置，同时协调推进其他各项建设，探索符合自身特点的和美乡村建设路子，确保农民群众实实在在得实惠。

（三）要尊重农民意愿，调动农民参与农村基础设施建设的积极性

开展农村基础设施建设，要充分调动农民群众的积极性，组织和引导他们努力改善自身生产生活条件。各地基础设施建设中，要广泛听取民意，围绕农民需求进行谋划。要把国家支持与广大农民群众投工投劳有机结合起来，调整工作思路，改进工作方法，坚持群众自愿、民主决策，搞好引导服务，改变过去自上而下发号施令、层层压任务的做法，把政府支持与农民自觉自愿结合起来，由过去的"要我干"变为"我要干"。只有这样，才能取得事半功倍的效果。同时要鼓励社会各界积极参与农村基础设施建设，各级政府要积极组织工商企业、社会团体和个人帮扶农村，鼓励和支持他们参与农村基础设施建设，为建设社会主义新农村贡献力量。

（四）增加农村基础设施建设的资金投入

和美乡村建设需要大量资金，当前农村基础设施建设投资需求与资金供给的矛盾较为突出，必须加大对农村基础设施建设和社会事业发展的支持力度，国家财政新增固定资产投资的增量主要用于农村，政府在和美乡村建设中也要按照存量适当调整、增量重点倾斜的原则，积极调整财政支出结构，努力增加本级财政预算用于农村建设的投入，加快建立和美乡村建设投资稳定增长机制。制定优惠政策，鼓励社会各界共同参与和美乡村建设，吸引更多的银行资金、企业资金和其他社会资金投入农村基础设施建设，建立多元化的新农村建设投入机制。

项目三 保育持续健康的生态环境

随着经济的发展、社会的进步和人民生活水平的不断提高，特别是社会主义新农村建设的全面推进，农村基层组织和广大农民群众不再把注意力仅仅放在吃饭穿衣等民生问题上，而是越来越注意对居住环境的改善。

一、强化生态环境保育

生态保育是指对物种和群落加以保护和培育，以保护生物多样性，保持生态系统结构和功能的完整性，生态保育不排除对资源的利用，而是以对其持续利用为目的。通过对生态系统的生态保育，可以使濒危物种得到有效保护，使受损的生态系统结构和功能得到有效恢复。

（一）重视环境教育

通过环境教育，能够增强乡村居民保护环境的知识、技能、态度及价值观。和美乡村建设应重视环境教育，建立学校环境教育和社会环境教育体系，提升乡村居民、企业经营者、公职人员保护环境的知识、技能、生态伦理与责任。要特别重视学校环境教育，培育具有正确环境伦理观和良好环境素质的公民。

（二）综合运用法律、行政与经济手段

要有效利用排污收费、环境补偿费、排污权交易等经济手段和市场机制，加大惩治力度、提高违法成本，才能真正实现保护环境和生态的目标。鼓励植树造林、修补山坡地的水土保持和水源涵养、景观建设，制定合理的保绿造林奖励政策。

（三）设立特殊保护区域

为保护和恢复自然生态环境，应在环境敏感地区设立自然保护区、野生动物保护区、野生动物重要栖息环境、自然保护区等自然生态保育特殊保护区域。各类自然保育特殊保护区域的设立，严格限制资源利用与开发，有限保护野生动植物栖息环境，对森林和山坡地保育、水源区保育、水土保持、生物多样性保护等具有重要作用。

（四）调整产业结构，注重源头污染治理

采取兼顾环保的经济发展政策，调整产业结构，注重源头污染减量。产业发展政策鼓励"两大、两高、两低"（市场潜力大、产业关联效果大，技术层次高、附加价值高，污染程度低、耗能系数低）产业发展，以加速产业结构调整、转型和升级，同时

鼓励海外投资。鼓励农业向休闲、有机、生态等可持续农业发展，推广有机肥与生物肥料，重视农业环境保护，以减少农业生产对环境的冲击，达到既提升农业产品创新服务与品质安全，又保护生态环境和土地资源复育的目的。

农村生态环境与和美乡村的建设质量息息相关，因此要把优化提升农村生态环境作为建设和美乡村的重点，抓紧抓实抓好。开展生态环境保育，不仅能够提高广大农村居民的生活质量及生存环境，更是推进乡村全面振兴的重要内容。

二、加强生物多样性保护

生物多样性是人类社会赖以生存和发展的环境基础，也是当今国际社会关注的重点课题。但是由于自然、人为及制度等方面，生物多样性正遭受严重的损失和破坏，而这种破坏造成的生态失衡也最终会反噬人类。保护生物多样性已成为摆在人类面前的急中之急、重中之重的事情。为加强生物多样性保护工作，应该从以下几方面考虑。

（一）稳步推进农业野生植物保护水平

一是继续推进《农业资源与生态环境保护工程规划》的实施。加快新批复农业野生植物保护原生境示范点建设进度，确保建设质量。对已建示范点的保护设施及仪器设备进行管护，杜绝"建而不管、管而不力"的现象。建立农业野生植物保护原生境保护点例行监测制度，对保护点的资源和生态环境变化等进行动态监测，实现监测工作日常化、标准化和规范化。二是继续开展物种资源调查工作，对列入国家重点保护名录的农业野生植物进行深入调查，为保护工作提供科学依据。三是加强抢救性保护，减少农业野生植物种群和原生境受损，扩大增殖研究，为濒危物种的增殖、恢复和利用探索可行途径。

（二）有效应对外来物种入侵

一是加快科技创新，提升支撑能力。支持科研单位加大科研力度，加强生物入侵规律、监测防控技术、科学施药技术的攻关研究，加强综合防治技术的集成应用，加强生物防治与生态修复技术和设备的研发，提高外来入侵生物防治工作的科技水平。二是建立长效机制，提升防控能力。大力开展综合防治技术的试点示范和宣传培训，建立外来入侵生物综合治理示范区，指导农民及时防治、科学防治。三是继续夯实基础，提升监测能力。进一步建立完善全国外来入侵生物监测预警网络，健全信息交流和传输途径，提高监测预警的时效性和准确性。构建较为完善的外来有害生物监测防控体系、制度和工作站点，有针对性地开展外来有害生物监测工作，防止其入侵和扩散。四是做好应急防治，提升防控能力。各地要切实落实应急防控预案，储备应急防控物资，提高应急防控能力。要巩固过去应急防控工作的成果，思想不能麻痹，工作不能放松，确保外来入侵物种危害不反弹、不扩散。

（三） 增强宣传和保护生物多样性

保护生物多样性，需要人们共同的努力。对于生物多样性的可持续发展这一社会问题来说，除发展外，更多的应加强民众教育，广泛、通俗、持之以恒地开展与环境相关的文化教育、法律宣传，培育本地化的亲生态人口。利用当地文化、习俗、传统和习惯中的环保意识和思想进行宣传教育。总之，一个物种的消亡往往是多个因素综合作用的结果，所以生物多样性的保护工作是一项综合性的工程，需要各方面力量的参与。

生物多样性为人类的生存与发展提供了重要基础，维护了自然界的生态平衡，并为人类的生存提供了良好的环境条件。生物多样性是生态系统不可缺少的组成部分，是自然界长期演化的结果，是人类赖以生存的基本条件，它关系到全球环境的稳定和人类的生存与发展。保护生物的多样性，从某种意义上讲，就是保护人类自己。多保护一个物种，就是为人类多留一份财富，为人类社会的可持续发展多做一份贡献。保护生物的多样性是人类共同的责任。因此，在和美乡村建设过程中要注重生物多样性的保护。

三、促进农田环境保护

耕地是国民经济及社会发展最基本的物质基础，保护基本农田对促进我国农业可持续发展和社会稳定具有重要意义，环境保护是基本农田保护工作的重要组成部分。为做好基本农田的环境保护工作，应该从以下几方面考虑。

（一） 加强工作宣传

一方面要宣传引导，由于农业资源环境保护这项工作本身并不能够成为地方经济发展的内生动力，因此要努力提升认识，增强对农业资源环境保护工作的重视程度。另一方面要发动群众，农村环境污染防治是需要全社会共同关心和支持的事业，要通过广播、电视、报刊、网络等新闻媒体，开展多层次、多形式的宣传发动，进一步增强全社会农田环境保护意识，动员和吸引社会各界力量积极参与农田环境保护。

（二） 农业面源污染防治

农业生态环境保护工作是一项长期的系统工程，相关部门要确立"预防为主"的思想。一是要将农业面源污染普查形成制度，建设数据库，各地必须重视农业面源污染监测点的建设和运行维护，争取财政补助，确保农业面源污染监测工作长期正常开展，争取每两年形成一个农业面源污染动态报告。二是要把农业面源污染防治综合示范区做成亮点。三是要突出抓好畜禽污染防治。畜禽污染 COD（化学需氧量）约占农业面源污染总量的 96%，重点问题要突出抓，下大力气抓突破。

（三） 控 "源"

全面推广测土配方施肥，大力扩种绿肥与推广应用商品有机肥，实施农药化肥减量工程，着力提高化肥农药利用率。推进农村面源氮磷生态拦截系统工程建设。加快建立农药集中配送体系，实行农药统一配送、统一标识、统一价格及统一差率，杜绝高毒高残留和假冒伪劣农药流入市场，从源头上控制农业面源污染。

（四）治"污"

按照垃圾"减量化、无害化、资源化"的要求，以农业废弃物资源循环利用为切入点，推广种养结合、循环利用的生态健康种养生产方式。科学合理地制订养殖业发展规划，推进规模化养殖场建设，推广发酵床生态养殖，建立持续、高效、生态平衡的规模化畜禽养殖生产体系。采取粉碎还田、沤肥还田的省工、省时、实用的秸秆还田技术和方法，大力推广秸秆机械化全量还田，增加土壤肥力，积极开展秸秆饲料、秸秆发电、秸秆造纸、秸秆沼气、秸秆食用菌等多渠道综合利用秸秆试点示范与推广，提高秸秆资源综合利用率。

（五）加大调查处理力度

相关部门要加大对基本农田环境污染事故调查处理的工作力度，采取有力措施，提高污染事故处理率，切实保障农民利益，促进农业生产和农村经济的可持续发展。对破坏生态环境、乱占耕地的开发建设项目要严肃处理，对直接向基本农田排放污染物的严重污染企业要严肃查处、及时整改，对化肥施用量过高、农药残留严重的基本农田，要提出合理施用化肥和农药的措施。

农业资源环境保护事关广大农民的切身利益，事关农业农村经济社会全面协调可持续发展。要把农业产业生态化、发展清洁化作为建设和美乡村的根本举措，积极发展生态农业，转变农业增长方式，严格防控农业面源污染，改善和提升农业生态环境。

四、推动循环农业发展

循环农业是相对于传统农业发展提出的一种新的发展模式，它通过调整和优化农业生态系统内部结构及产业结构，提高农业生态系统物质和能量的多级循环利用，严格控制外部有害物质的投入和农业废弃物的产生，最大限度地减轻环境污染。我国循环农业模式可归纳为基于产业发展目标和产业空间布局两个分类层次的七种模式类型。

（一）基于产业发展目标的循环农业模式类型

1. 生态农业改进型

以生态农业发展模式为基础，在现有模式的基础上，从资源节约高效利用及经济效益提升的角度，改进生产组织形式及资源利用方式，通过种植业、养殖业、林业、渔业、农产品加工业及消费服务业的相互连接、相互作用，建立良性循环的农业生态系统，实现农业高产、优质、高效、持续发展。

2. 农业产业链延伸型

以公司或集团企业为主导，以农产品加工、运销企业为龙头，实现企业与生产基地和农户的有机联合。企业生产紧抓原材料利用率、节能降耗等关键环节，使分散的资源要素在产业化体系的运作下重新组合，无形中延伸了产业链条，提高了产品附加值，并有效地保证了农产品的安全性能和生态标准。

3. 废弃物资源利用型

以农作物秸秆资源化利用和畜禽粪便能源化利用为重点，通过作为反刍动物饲料、生产食用菌的基质料、生产单细胞蛋白基质料及作为生活能源或工业原料等转化途径，延伸农业生态产业链，提高资源利用率，扭转农业资源浪费严重的局面，提升农业生产运行的质量和效益。

4. 生态环境改善型

注重农业生产环境的改善和农田生物多样性的保护，并将其看作农业持续稳定发展的基础。根据生态脆弱区的环境特点，优化农业生态系统内部结构及产业结构，运用工程、生物、农业技术等措施进行综合开发，建成高效的农—林—牧—渔复合生态系统，实现物质能量的良性循环。

（二）基于产业空间布局的循环农业模式类型

1. 微观层面

以单个企业、农户为主体的经营型模式：以龙头企业、专业大户为对象，通过科技创新和技术带动引导企业和农户发展清洁生产，以提高资源利用效率和减少污染物排放为目标，形成产加销一体化经营链条。

2. 中观层面

生态园区型模式：以企业之间、产业之间的循环链建设为主要途径，以实现资源在不同企业之间和不同产业之间的最充分利用为主要目的，建立起以二次资源的再利用和再循环为重要组成部分的农业循环经济机制。

3. 宏观层面

循环型社区模式：以区域为整体单元，理顺循环农业在发展过程中由种植业、养殖业、农产品加工业、农村服务业等相关产业链条间的耦合关系，通过合理的生态设计及农业产业优化升级，构建区域循环农业闭合圈、全体人民共同参与的循环农业经济体系。

项目四　健全公平民主的社会机制

随着我国经济社会的快速发展，广大人民群众的生活和发展状况得到了很大改善，不仅成功解决了亿万人民的温饱问题，而且越来越多的城乡居民过上了富裕的生活。和美乡村建设过程中要从以下五个方面健全公平民主的社会机制，实现和谐梦。

一、提升科学教育水平

中华人民共和国成立后特别是改革开放以来，农村发生了翻天覆地的变化，农民生活质量得到了很大提高，但制约农村快速发展的因素仍然是农民素质提高的问题。农村的教育备受关注，为农村儿童提供良好的受教育环境已然成为改善民生工作的一项重要内容，也成为衡量教育公平和社会公平的一把尺子，关系到科教兴国和人才强国战略的实施。因此，和美乡村建设过程中要着力提升科学教育水平。

（一）加大教学投入，创造良好的教育教学条件

当地政府加大对教育的投入力度，使教育教学条件得到不断改善，扩大教育的容量，缓解当地就学难的压力。一是通过加强教育基础设施建设，不断提高教学水平，优化校园环境，促进教育事业长足发展。学校校舍状况得到极大的改善，能够很好地满足教学和人才培养的需要。除普通教室外，学校还应注意计算机机房、琴房、绘画、舞蹈等专用教室的建设，这样才能满足实践教学因材施教的需要。二是高度重视图书馆建设，坚持以评促建，不断加大硬件建设和软件建设，以丰富的馆藏和网络文献资源、舒适的环境、便捷的服务，更好地满足教学、科研工作的需要。随着办学规模的扩大，为了更好地发挥图书馆为师生员工，为教学、科研服务的功能，学校应当不断加大对馆藏文献资源建设经费的投入。

（二）提高教师素质和教学质量

"高素质的教师队伍，是高质量教育的一个基本条件"，要"采取有效措施，大力加强教师队伍建设，不断优化队伍结构和提高队伍素质"。没有一支高素质的教师队伍，就肯定没有高水平的教学质量，教师是提高教学质量的核心。要提高教育质量，就需要不断充电，加强教师特别是年轻教师的培训工作，提高他们的教学理论水平和驾驭学科教材的能力。具体地说，一是要积极开展业务理论的学习；二是要继续抓好中层以上领导和骨干教师帮扶新教师的工作；三是要扎实开展课堂技能竞赛、镇级骨干教师示范课、新教师汇报课等常规工作，为教师提供学习和展示自我的平台；四是

要适时开展各类业务培训工作。

（三）切实加强对教育工作的领导

一是要建立党政主要领导抓教育的机制，要像抓经济工作那样抓好教育。二是要把教育列入党委和政府工作的重要议事日程，纳入本地区经济和社会发展规划。三是各级党委和政府的领导干部要建立联系点制度，深入学校调查研究，发现并帮助解决问题。四是要组织动员全社会力量关心、支持教育，优化育人环境。五是要把重视教育、保证教育必要的投入、为教育办实事，列为各级领导干部任期目标责任制和政绩考核的重要内容，加强对各级党委和政府抓教育工作的评估。通过以上措施，强化党和政府领导教育的职能，真正形成党以重教为先、政以兴教为要、民以尊教为荣的社会氛围。

二、完善医疗卫生服务

农村医疗卫生服务体系建设涉及基本民生问题，是统筹城乡经济社会协调发展、建设社会主义新农村的一项重大任务，是一项民心工程、责任工程、系统工程。农村医疗卫生服务体系建设将对提高农村群众卫生健康水平、保障农民群众切身利益、维持农村社会稳定有着非常重要的意义。为此，和美乡村建设过程中要不断完善医疗卫生服务。

（一）强化政府责任，健全投入机制

农村公共卫生和基本医疗服务具有公共产品特性，应当作为政府重要的公共服务项目。医疗卫生服务体系的项目建设，除中央、省财政下达的资金外，地方财政配套部分要投入到位。应该把财政支持的重点调整到支持公共卫生、预防保健、人员培训和乡镇卫生院、村卫生室的基础设施建设上来，严格控制乡镇卫生院和村卫生室的运行成本。

（二）加强基层卫生队伍建设，重视人才的引进和培养

一是要加大培训教育力度，努力打造一支公共卫生技能扎实、知识面广、预防实践经验丰富的应急处理队伍。二是要制定相关政策措施，优化人才结构。要尽快研究制定优惠政策，鼓励吸引专业人才，包括医疗机构业务骨干、大中专毕业生到农村从事公共卫生工作。三是要建立完善考核机制，严格实行目标管理工作责任制。切实加强对业务机构、专业人员工作责任的考评。四是要创造条件，不断改善医务工作者的工作环境和生活待遇，使公共卫生工作得到全社会的关注和尊重。

（三）进一步完善农村卫生体系建设，不断改善农村医疗卫生条件

提高承担农村公共卫生事务的村医补助标准，落实必要的福利待遇，吸引优秀的医务人员扎根基层，保证农村的医疗服务质量。进一步规范、完善财政补助资金拨付制度，保证各级财政补助资金及时、足额拨付到合作医疗基金账户，构建农民健康保

障平台。完善农村居民大病医疗统筹保障制度，提高医疗保障水平，切实减轻农民群众因病带来的经济负担，提高农民健康水平。

（四）加强监管，提高基层医疗卫生行业社会公信度

切实加大行业管理和社会监督力度，规范医疗服务和医疗收费行为，研究制定医疗卫生定期检查制度，以及医生药品使用量、抗生素使用量、住院自费药品使用量评估制度，严格控制医药费用的不合理增长，坚决杜绝过度用药、过度检查、过度治疗等问题。对医疗服务中的大检查、大处方等违规问题，一经查实，要按照有关规定严肃处理。大力开展医德医风教育，强化卫生监督机构对医疗机构医德医风奖惩机制。不断优化执业环境和就医环境，加强医患沟通，建立完善第三方医疗纠纷调节机制，规范医疗纠纷处理流程，营造尊重科学、尊重医务人员、尊重患者的良好社会氛围。

三、健全村民自治制度

村民自治是村民通过合法组织与程序行使民主权利，实行自我管理、自我教育、自我服务、民主选举、民主决策、民主管理和民主监督的一项基本制度。村民自治实行民主集中制。充分发扬民主，集体议事，在村民的意愿和要求得到充分表达和反映的基础上，集中正确意见，依程序做出决策。村民自治制度的基本内容和核心是"四个民主"，即民主选举、民主决策、民主管理、民主监督。

（一）民主选举

民主选举是指由广大村民直接选举村民委员会干部的民主制度，它是村民自治的关键环节和重要前提。在民主选举中，通过无记名投票的直接选举，把选举产生和罢免村干部的权利真正交到广大农民群众手中，实现了农民选举上的自主权。村民选举村委会，提高了村民参与乡村治理的积极性，增强了村民的民主意识，锻炼了农民的民主素质与能力。当地各级党政领导和相关部门应当重视总结、研究农村民主选举的经验，并以科学发展观为指导，针对农村实际制定出相应的措施，努力着手解决存在的问题，把农村民主政治建设推上一个新的高度。

（二）民主决策

民主决策是以全体村民为主体，按照平等原则和少数服从多数的原则，共同讨论决定属于村民自治范围内的重大事务。它是村民自治的关键与核心内容之一。在民主决策中，广大农民和村干部一起讨论决定涉及村民利益的大事，实现了农民群众对重大村务的决策权，实行直接民主决策不仅有利于激发广大村民的政治热情和调动村民参与农村管理的积极性，而且有利于农村的和谐稳定发展。

（三）民主管理

民主管理是指村务在管理工作上接受全体村民的监督，每个村民均可对村里的建设和管理提出建议和意见，建议和意见可直接交民主管理小组，小组负责及时给予答

复。在民主管理中，让村民直接参与和管理村内事务，实现了农民群众对日常村务的参与权。只有健全农村民主管理制度，才能确保农村民主选举、民主决策、民主管理、民主监督依法有序开展，促进村民自治的制度化、规范化、程序化。和美乡村建设过程中要通过发展农村经济、增加村民收入、提高村民素质、增强村民的民主意识，来调动村民参与民主管理和村民自治的积极性。

（四）民主监督

民主监督是指村民对村民委员会的工作及村干部的行为进行监督。村务公开是民主监督的主要内容，民主监督是村民自治的关键环节和重要保证。民主监督有利于干部工作作风和工作观点的转变，有利于化解干群矛盾、融洽干群关系，有效解决农村诸多疑难问题。在民主监督中，农民有权监督村委会工作和村干部的行为，实现了农民群众的知情权和评议权。

和美乡村建设应坚持党的领导、村民当家作主、依法治村的有机统一，依据法律法规建立村民自治组织、健全村民自治制度、完善村民自治机制，推进村级民主政治制度化、法治化、规范化建设。

四、完善社会保障体系

当前，我国农村地区社会保障体系相对不够健全，保障力度不够。只有建立起完善的农村社会保障制度，才能逐步缩小城乡收入差距、消除城乡差别，加快和美乡村建设的步伐。农村社会保障主要包括社会救助、社会保险、社会福利和优抚安置四个基本部分。

（一）社会救助

社会救助是农村社会保障中最低层次的部分，也是最广泛、最基本的保障，是社会保障的最后防线。社会救灾是国家对因遇到自然灾难和意外事故生活陷入困境或低收入人群给予现金或实物帮助和救济，以帮助他们渡过难关的紧急性救助制度。

（二）社会保险

农村社会保险是农村社会保障的核心部分，实行权利与义务对等的原则，它主要包括养老保险、医疗保险、农业保险等。它是由政府组织引导，采取社会统筹和个人账户相结合的制度模式。农村社保政策采取个人缴费、集体补助、政府补贴相结合的筹资方式，以保障农民年老后的基本生活。

农村社保是国家为每个新农保参保人建立终身记录的养老保险个人账户。个人缴费、集体补助及其他经济组织、社会公益组织、个人对参保人缴费的资助，地方政府对参保人的缴费补贴，全部记入个人账户。个人账户储存额每年参考中国人民银行公布的金融机构人民币一年期存款利率计息。

国家将建立健全新农保基金财务会计制度。新农保基金纳入社会保障基金财政专户，实行收支两条线管理，单独记账、核算，按有关规定实现保值增值。

试点阶段，新农保基金暂实行县级管理，随着试点扩大和推开，逐步提高管理层次；有条件的地方也可直接实行省级管理。

（三）社会福利

农村社会福利是狭义上的社会福利，指目前对农村中的孤、寡、老、弱、病、残等特殊对象提供的物质帮助和生活服务，使其能维持基本生活的一种制度。现在农村的福利设施主要指各县、乡、村兴办的敬老院、福利院等。当然广义上的农村社会福利应包括在农村社会保障之中，但要随着农村经济的发展才能逐渐建立和完善起来。虽然农村社会福利也是农村社会保障的一部分，但它作为社会保障内涵的最高层次，需要较高的经济条件，近期不可能成为农村社会保障发展的重点。

（四）优抚安置

优抚安置是指对现役军人及在服役中牺牲、病故的烈士家属和对本人伤残、退役后给予物质帮助的一种制度。其目的是使优抚对象的基本生活得到保障，能够安居乐业。

农村社会保障的建立是消除城乡差别、体现公平、实现农民国民待遇的重要举措。它可以通过扩大社会保障的覆盖面，维护农村群众的基本利益。在坚持效率优先的前提下，兼顾社会公平，调节收入分配，缩小城乡、地区、阶层之间的差距，构建合理的社会格局，提高社会内部的有机度，从而构建真正意义上的和谐社会。

五、创新管理，保障和美乡村建设

和美乡村建设是党和国家提出的一项长期建设工程，符合国家总体构想，符合社会发展规律，符合农业农村实际，符合广大民众期盼。保障和美乡村建设的顺利开展，建立一套系统的保障措施，多策并举，确保高效、有序地实施是推动和美乡村建设扎实、稳步向前推进的坚实基础。创新管理，加强和美乡村建设活动的保障体系，主要可以从以下方面开展。

（一）完善制度建设，提高政策保障能力

和美乡村建设，离不开党和国家政策的大力支持。除了积极响应国家生态文明建设、美丽中国建设的政策外，国家和地方政府还要从经济、政治、文化、社会、生态方面制定具体的政策。同时，要加强政策的落实，提供坚强的政策保障，确保和美乡村建设的顺利推进。

1. 用好现有政策

生态文明源于对历史的反思，同时也是对发展的提升。随着经济社会的不断发展，对生态文明的关注和认识也不断进入新的阶段。生态文明建设不是简单的生态建设。生态文明的核心就是人与自然和谐共生、经济社会与资源环境协调发展，是人类为建设美好家园而取得的物质成果、精神成果和制度成果的总和。从物质成果上讲，贫穷不是生态文明，建设生态文明并不是放弃对物质生活的追求，而是既要"青山郭外斜"，还得"仓廪俱丰实"。我们提倡的生态文明就是要转变粗放型的发展方式，提升全社会的文明理念和素质，使人类活动限制在自然环境可承受的范围内，走生产发展、生活富裕、生态良好的文明发展之路。从精神成果上讲，我们提倡以人为本，但人类中心主义、人定胜天并不是生态文明。建设生态文明，就要把握自然规律、尊重自然规律，以人与自然、人与社会、环境与经济、生态与发展和谐共生为前提，牢固树立保护生态环境就是保护生产力、改善生态环境就是发展生产力的理念，使生态文明成为中国特色社会主义的核心价值要素。从制度成果上讲，必须建立完善的生态文明实现制度，把资源消耗、环境损害、生态效益纳入经济社会发展评价体系，建立体现生态文明要求的目标体系、考核办法、奖惩机制。

农业是对自然资源的直接利用与再生产，是其他经济社会活动的前提和基础，农业生产与自然生态系统的联系最紧密、作用最直接、影响最广泛。农业的特质决定了农业生产和农业生态资源保护工作在整个生态文明建设中具有极其重要的地位。农业生态文明建设的成效，不仅事关农业农村的未来，还直接关系到我国生态文明全面建设。只有农业生态文明建设取得实际效果，我国的生态文明建设才会有根本性的改变和质的突破。

2. 制定专门政策

和美乡村建设是包括农村产业发展、社区建设、生态环境、基础设施、公共服务等在内的系统工程，为实现农村地区经济、政治、文化、社会和生态建设的"五位一体"发展，中央和地方政府需要制定一系列的政策作为保障。建设和美乡村，推动生态文明建设，不仅要优化生态环境，而且要带动农村全面发展，促进农民增加收入，维持社会和谐稳定，繁荣农村文化建设，确保和美乡村建设扎实稳步地向前推进。

只有推动经济持续健康发展，才能筑牢国家繁荣富强、人民幸福安康、社会和谐稳定的物质基础。乡村只停留在"生态之美"上，并不是真正意义上的和美乡村，而是也必须具备"发展之美"，因为农民需要这种看得见、摸得着的美丽。经济的发展是和美乡村建设必不可少的环节。在和美乡村经济建设中，应积极制定相关经济政策，如加大惠农政策力度、拓展优势特色产业、完善生态补偿机制等，推动和美乡村的经济发展。通过立足本地实际，大力发展绿色经济、循环经济，推动经济发展与环境保护协调发展，将生态文明建设融入各项工作中，合理有序保护和利用好自然资源，加快建设资源节约型、环境友好型工业，促进经济社会与环境保护协调发展，努力实现和美乡村经济发展与生态文明建设相结合。

党和国家指出应当坚持走中国特色社会主义政治发展道路和推进政治体制改革，

加快建设社会主义法治国家，发展社会主义政治文明。在和美乡村政治建设中，首先，要强化农民群众的民主意识，通过多种形式和途径对村民进行周期性的有关民主权利的宣传和教育，增强广大农民群众的民主意识、维权意识和监督意识，激发他们参与村民自治和和美乡村建设的热情。其次，要建立完善的农村基层干部培训制度，通过加强党内民主，进一步加大对乡镇党委和村党支部成员的教育培训力度，不断加强其以人为本、依法执政的理念。最后，要健全农村基层组织的民主决策机制，建立以民主选举、民主决策、民主管理、民主监督为主要内容的村级民主管理制度体系，加快农村基层民主政治建设向程序化、制度化、规范化方向发展。如"建立一套相应的干部考核评价机制"，"将资源消耗、环境损害、生态效益纳入经济社会发展评价体系，建立体现生态文明建设要求的目标评价体系"。

和美乡村在注重外在美的同时，也要注重内在美，注重农业文明的保护和传承。只有繁荣农村文化，才能更好地推进乡风文明。和美乡村的文化建设必须因地制宜，善于挖掘整合当地的生态资源与人文资源，挖掘利用当地的历史古迹、传统习俗、风土人情，为乡村建设注入人文内涵，展现独特的魅力，提升乡村的文化品位。政府应积极推行专门政策，加快农村文化设施和农村文化队伍建设，加强对农村文化市场的指导和管理，积极倡导文明健康的农村文化之风。

城乡发展失衡，不仅表现为城乡居民收入水平之间的差距，更有教育、医疗、文化、社会保障等基本公共服务方面的差距。加强社会建设，是社会和谐稳定的重要保证。必须从维护最广大人民根本利益的高度，加快健全基本公共服务体系，加强和创新社会管理，推动社会主义和谐社会建设。在和美乡村社会建设中，政府应积极推行农村公共服务政策，将农村公共服务设施建设纳入城乡基础设施建设的优先序列，让农民在教育、医疗、就业等方面与城镇居民共同享有改革发展的成果。要着力加大国家主体投入力度、实施教育资源向农村的整体倾斜，进一步加强农村教育机构建设，要采取城乡总体平衡教育资源的办法加快解决农村师资极度匮乏的问题，加强以就业为导向的职业技术教育机构建设，建立多层次的助学制度。要加大对农民工流入地教育经费的投入，以减轻当地政府解决农民工子女就学问题的压力。建立健全城市支持农村的医疗卫生扶助机制，着力提高乡镇卫生院和村级卫生所建设水平，加快实现农民公共卫生保健和"看病不难、用药不贵"的目标。

3. 强化政策落实

政策的执行和落实是和美乡村建设进程中不容忽视的重要环节，没有良好的政策执行，和美乡村建设的目标便无法完成。在实现政策目标的过程中，方案确定的功能只占10%，而剩下的90%取决于有效执行。和美乡村建设是符合我国国情、符合农村实际的一项长期性的政策，强化和美乡村建设的落实具有重大的政治意义和深远的历史意义。政策的落实具体从以下几方面加强。

（1）不断完善和美乡村建设的政策体系

和美乡村建设是一项长期性的历史任务。在政策执行的过程中，首先要充分考虑政策执行的长期性，不能急于求成、一蹴而就。因此，建设和美乡村不能短打算，而要长谋划。落实任务时要抓好开局，从紧迫的事做起，并依据生产力发展和财力增长的状况逐步推进，防止盲目蛮干。尤其不能以运动的方式搞建设，相互攀比赶进度，甚至为了达标而不惜举债，那就不是造福群众而是祸害群众。要全面认识和美乡村建设的目标，要以科学发展观为指导，以促进农业生产发展、人居环境改善、生态文化传承、文明新风培育等为目标，重点推广节能减排技术，节约保护农业资源。按照减量化、再利用、资源化的原则，推进清洁生产，转变农业发展方式。加强农业生活与人居环境治理，实施乡村清洁工程、秸秆综合利用、废弃物的资源化利用、污染物排放的控制。加大治理重金属污染和土壤清洁力度，发展生态农业、循环农业、有机农业，大幅降低农药、化肥使用，改善农业生态环境。要按照天蓝、地绿、水净，安居、乐业、增收的要求，培育形成不同类型、不同特点、不同发展水平且可复制的和美乡村建设模式，推动形成农业产业结构、农民生产生活方式与农业资源环境相互协调的发展模式，加快我国农业农村生态文明建设进程。概言之，和美乡村应该是"生态宜居、生产高效、生活美好、人文和谐"的典范。

（2）充分尊重农民的主体地位

和美乡村建设的主体是农民，在建设和美乡村的过程中，国家的作用只能是引导。只有把农民的积极性充分发挥出来，和美乡村建设才大有希望。因此在和美乡村建设中，要充分尊重农民的意愿。要深入群众，注重调查研究，到群众中去，多听听老百姓的声音，多征求群众的意见，要从农民的生产生活需要出发。在干什么、不干什么的问题上，要按照村民自治中"一事一议"的民主议事制度来决定，不能用行政命令的方式。要把让农民得到实惠放在最突出的位置。推进和美乡村建设是一项长期而繁重的历史任务，必须坚持以发展农村经济为中心，进一步解放和发展农村生产力，促进农民持续增收。必须坚持农村基本经营制度，尊重农民的主体地位，不断创新农村体制机制。必须坚持以人为本，着力解决农民生产生活中最迫切的实际问题，切实让农民得到实惠。在实践中，要充分发挥一批基层农技推广人员、种养能手、能工巧匠、农村经纪人等的示范带动作用。

（3）创新政策激励方式

政策执行人员的动力问题对和美乡村政策实施具有重要意义。首先，在和美乡村政策执行过程中，要在广大党员干部中营造比、学、赶、帮、超的浓厚氛围，激发党员干部的责任感、荣誉感和上进心。同时要让广大干部树立不进则退的新观念，引导他们积极投身到和美乡村建设中去。其次，要强化干部责任制。强化干部责任制是提高政策执行动力的一条有效途径。许多基层工作人员工作被动的主要原因就是权责不明确，因此要大力强化干部责任制，严格追究失职人员的经济责任、行政责任和法律责任。再次，要创新奖励机制。对于那些工作中有突出表现的执行人员要根据其自身需求的特点给予相应的物质奖励、精神奖励和晋升奖励。最后，要大力提高农民素质，提高农村经济发展的能力，减轻农民对国家和政策的依赖。

（二）促进机制创新，提高管理保障能力

和美乡村建设需要一个有效的体制机制，特别是农村基础组织机构建设亟待加强，同时要建立一个充满活力、整个社会积极参与的激励机制，并不断完善基层的民主监督机制，从而提高和美乡村建设的管理保障能力。

1. 加强机构建设

要顺利推进和美乡村的建设，首要任务是抓好农村的基层组织建设。农村基层组织是农村基层工作的重要领导核心，是农村社会生活、经济工作、精神发展的领导者，农村基层组织对农村工作的坚强领导，对和美乡村建设具有举足轻重的作用。

（1）发挥政府主导作用，领导村级组织建设

政府需要发挥主导作用，整合各方资源来推进我国的和美乡村建设。为了使村级组织更好地承接和美乡村建设的任务，需要加强对村级组织建设的领导，把握其服务和美乡村建设的宗旨。一方面，要加强对村级组织建设的政治领导。把村级组织建设成为有利于宣传和贯彻执行党的路线、方针、政策，有效地发挥好利益表达和利益综合的职能作用，确保村级组织建设的社会主义方向，为和美乡村建设创造一个和谐稳定的社会环境。另一方面，要加强对村级组织建设的思想领导。提高基层党员干部自身的政治、思想觉悟和政策、理论水平，才能做好群众的思想政治工作，将向人民群众宣传党和政府的政策转化为村民的自觉行动，参与和美乡村建设。同时，还要加强对在和美乡村建设中新兴的一些其他村级组织的领导，如在村级农民专业合作组织及各种协会组织中发展党员并建立党支部，正确引导其发展，把握组织服务和美乡村建设的宗旨，共同推进和美乡村建设。

（2）完善村级组织结构，明确组织职能分工

进行和美乡村建设，要建立一支强有力的基层组织体系。既要不断完善村级党组织和村民自治组织的功能，又要构建其他的村级组织载体，才能真正做到政府的主导性与农民的主体性相统一，这样才有利于推进和美乡村建设。要始终坚持"围绕发展抓党建、抓好党建促发展"的正确思路，在坚持按地域、建制村为主设置党组织的基础上，按照有利于促进农村经济社会发展、有利于充分发挥党组织作用、有利于加强党员教育管理、有利于扩大党的工作覆盖面的原则，积极探索其他设置形式。要突破

村民自治组织设置的制度性安排，满足和美乡村建设中村民自治的现实需求，创新村民自治的组织形式，突破主要在行政村建立村民自治组织的做法，在其下属的自然村一级建立"新村（建设）管理委员会"或"村民理事会"，对自然村进行有效管理，形成组织上的对接。另外，党和政府要积极引导和帮助村民建设以村级农民专业合作组织为主的其他村级组织，来承接和美乡村建设中农村经济、文化和社会建设方面的任务。

建立相关的工作协调机制，做到分工与协作的统一。带头帮助村民组建各类村级农民专业协会组织（如老年人协会、妇女协会等），把一些具体任务分配给他们，把对这些组织的管理纳入村级党组织和村民自治组织的职能范畴，使村级党组织和村民自治组织的工作由更具专业的职能组织载体来承接。由于这些村级农民专业协会组织植根于农民自身需求和利益之中，更能有效地表达和保护农民利益，并调动村民参加和美乡村建设的积极性。这样，既可以使村级党组织和村民自治组织的职能分工更加具体，又可以有效地承接和美乡村建设的任务。

（3）协调村级组织关系，提高组织整合能力

村级党组织和村民自治组织是党联系群众的桥梁和纽带，二者关系是否协调，关系到党的路线、方针、政策能否在基层得到贯彻落实，关系到组织是否有凝聚力并调动村民群众参与和美乡村建设的积极性，是否能够整合村级各种资源共同推进和美乡村建设。因此，首先要解决村级党组织权力来源的合法性问题。这种合法性是指政治合法性，"这种特性不仅来自正式的法律或命令，而更主要的是来自根据有关价值体系所判定的、由社会成员给予积极的社会支持与认可的政治统治的可能性或正当性"。其次要合理划分村级党组织和村民自治组织的职责权限，明确分工，各司其职，互相协作，密切配合。和美乡村建设的目标和任务一旦落实到村一级，就会转化为许多的具体事务，工作中涉及多方利益关系。因此，二者要从本村具体实际出发，主要以《中国共产党农村基层组织工作条例》和《中华人民共和国村民委员会组织法》（以下简称《村民委员会组织法》）为各自职责分工的依据，在具体的工作中做到分工协作，不断地改进村级党组织的领导方式和工作方法，才能增强组织的凝聚力和战斗力。最后要坚持民主集中制原则，制订"两委"干部例会制度，落实党员会议制度；在村务管理中，坚持民主决策、民主管理、民主监督的原则，创新村务管理的运行机制，逐步建立村级党组织和村民自治组织班子联席会议制度。

（4）加强组织队伍建设，完善组织工作机制

在和美乡村建设中，只有管好现有党员，发展好新党员，不断地提高党员素质，才能更好地发挥先锋模范作用。一是要以人为本，体现党员先进性。在和美乡村建设中，要加强对村级党员的教育和培训，提高党员素质，把党员培养成为致富能手，使

村级党员队伍真正成为村庄先进生产力的代表。二是要创新活动载体，管好现有党员。围绕和美乡村建设的目标和任务，为党员搭建发挥先锋模范作用的平台。通过活动载体，锻炼党员的党性，增强党员的责任意识和服务意识。三是要在村级农民专业合作组织中积极发展党员，符合要求的要成立党支部，发挥党员队伍的先锋模范作用。同时，要加强对农村流动党员的跟踪调查，及时为党员找到党组织，确保参加组织生活。

村级组织的工作机制是村民群众在和美乡村建设中行使知情权、参与权、监督权的重要保障，是村民群众作为和美乡村建设的主体性地位得以体现的重要保证。首先要完善民主决策机制。决策权是村民行使当家作主权利的体现。在和美乡村建设中，这种当家作主的权利则是通过村民的主体性地位来体现的。村民群众通过行使决策权，参与和美乡村建设。在我国的和美乡村建设中，要始终坚持党的领导、人民当家作主和依法治村的有机统一的原则，完善党员、村民代表会议议事规则和程序；实行"一事一议"制度，决定村里的公共事务和公益事业，尊重村民的自决权，调动村民参与和美乡村建设的积极性。其次要完善民主管理机制。坚持民主集中制原则，建立"两委"班子联席会议制度，建立农村党建"双向述职"报告制度。

2. 建立激励机制

（1）建立农民充分就业的政策激励机制

农民是和美乡村建设的实践者，创造就业、提高农民收入是民生之本。应建立农民充分就业和持续增收的长效机制，激发农村市场的活力，促进农民持续稳定增收。一是要充分发挥地区资源优势，从发展生产、提高农民所得出发，充分利用金融信贷、技术服务、市场营销、专业合作社等方式，从广度和深度上开发农业资源，拉长主导产业的产业链，把农业产业化经营做大做强，充分挖掘农业内部的就业增收潜力。二是要充分发挥区域经济优势，激发县城和中心镇的活力，吸纳更多的农村劳动力进入二、三产业，使县城和中心镇成为农民创业就业的重要平台和市民化的有效载体。进一步鼓励农民创业，促进乡镇企业重放光彩，使乡镇企业和县域经济成为农民就业的主渠道。三是要充分发挥政策优势，降低农民工特别是本地农民的就业门槛，促进农民工稳定地向产业工人转变。制定鼓励各种所有制企业招收本地劳动力、扩大农村劳动力就近就地转移等政策，为农民创造平等的就业环境。

（2）建立多元主体参与的政策激励机制

和美乡村建设，需要建立政府负责、农民主体、社会参与的"三位一体"体制，建立政府责任性、农民主动性和社会积极性都不断增加的政策激励机制。通过制定激励性的政策，发挥政府的主导作用，培育农民的主体意识和自主能力，并发挥社会力量在和美乡村建设中的作用。

（3）建立激发农村活力的政策激励机制

和美乡村建设必须通过改革创新来激发农村活力，不断增强建设实力。一是要加大补贴，增加农民种粮收益，使农民获得合理利润。二是要着力构建集约化、专业化、组织化、社会化相结合的新型农业经营体系，以此激发农业农村的内在活力。三是要健全土地确权登记制度，充分保障农民权益，以产权改革激发农村活力。四是要进一步提高我国农民的组织化程度，提高合作社的引领带动能力和市场竞争能力。五是要构建公益性服务与经营性服务相结合、专项服务与综合服务相协调的新型农业社会化服务体系，为农民提供全方位、低成本、高便利的服务。

（4）建立基层领导干部的政策激励机制

农村基层干部是建设和美乡村的带头人，党的路线、方针、政策要靠基层干部去落实，农村社会稳定要靠基层干部去维护，农民群众的积极性和创造性要靠基层干部去调动。因此，建立和完善基层干部的激励机制至关重要。一是要明确县级政府在和美乡村建设中的主体责任，为基层干部抓好和美乡村建设创造条件。二是要创造良好的舆论氛围，大力宣传基层干部的重要地位和作用。三是要保护好、发挥好基层干部的积极性和创造性，赋予其相应的职责和权力。四是要加强对农村基层干部的培养，建立科学的和美乡村建设考核制度，形成正确的政绩导向。

3. 完善监督机制

在和美乡村建设中，要健全民主制度，丰富民主形式，拓宽民主渠道，依法实行民主选举、民主决策、民主管理、民主监督，保障人民的知情权、参与权、表达权和监督权。加强农村民主监督工作，既是村民自治中基层民主建设的重要内容，又是规范权力运行和实现科学决策的重要保证，是建设和美乡村的必然要求。我们要在实践中，不断提高村民民主意识，不断完善民主监督制度，为管理民主提供制度保障。

（1）进一步健全村务公开制度

目前，虽然在村民自治的实践中已普遍设立专门的村务监督小组，有些地方还重点针对财务公开建立民主理财小组。但我国农村村务公开制度在发挥其监督功能中仍存在诸多问题。例如：村务公开不够规范；村务公开的程序不科学，内容不全面；村务公开的监督组织设计不科学、缺乏独立性等。所以进一步健全村务公开制度，保障农民群众的知情权、参与权和监督权显得尤为重要。

从村务公开的内容上看，凡是群众关心的问题都应该公开。对村民普遍关心的问题，公开前必须提交村民会议审核，做到公开程序规范；公开的事项要全面、准确、具体，做到公开内容规范；要根据大多数村民的意见，决定公开的频率，做到公开时间规范有序；要从方便村民了解村内事务出发，设置固定的村务公开栏，做到公开阵地规范；要在村民代表会议中建立村务公开小组，具体负责村务公开工作，做到公开管理规范。

（2）设立村务监督委员会

村务监督委员会的设立是我国村民自治中村务管理监督制约机制的有益探索，它通过全过程的强力监督，有力地保障了村民自治中村民的知情权、决策权、监督权、参与权等，使村民在自治中真正实现自我服务、自我教育、自我管理。

村务监督委员会最主要的职能是监督村务。一是对村级财务的监督，包括对村级财务的资金使用监督、定期对村级财务收支账目的审计监督，这是监委会监督的中心环节。二是对村干部人事的监督。监委会对干部人事的监督可有三种渠道：①村党支部推荐的干部或村民推荐的干部必须是两人以上，必须经过村民直选产生；②村党支部推荐的干部或村民推荐的干部必须符合《村民委员会组织法》《中国共产党农村基层组织工作条例》的规定，必须遵循法定程序；③对不称职的在职干部，可以通过监委会与村民联系、讨论，经过五分之一以上有选举权的村民联名，可以要求召开村民会议，罢免村民委员会成员。三是对村支两委职责和责任的监督。目前在农村权力机构运作中，村支"两委"的确存在不协调和相互争权的状况，这主要是由于对村"两委"职责划分不太明确，缺少责任监督。村党支部的职责主要是政治领导，处理农村党务问题，如果村支书以村干部的身份进行村务管理，则与村委会一样受到监委会的职责监督。重大决策如果没有经过村民大会或听证会，那么对决策失误的村"两委"的决策领导者应实行责任追究，明确责任、追查原因，采取相应的处罚措施。四是对基层民主管理的程序监督。程序监督主要包括对民主决策的程序、村干部人事的任免程序、民主选举的程序、财务收支的审计程序的监督，看它们是否符合制度规定，是否公平、公开、合理、合法。五是要建立和完善村干部的激励约束制度。要大力宣传、鼓励和表彰积极推行村务公开和民主管理的干部，切实维护和保障村干部的合法权益。

（3）提高村民的民主法制意识

一是要加强对普通村民的思想政治教育，要教育农村群众正确理解民主政治建设的有关法律法规，深刻理解法律赋予的神圣权利，明确自身当家作主的地位，明确滥用权利的危害，培养农民群众实行民主所需的思想认识、思维方式和道德水平，农民有了民主法制观念，就能够有效地参与民主监督。二是要加强对村干部的培训，提高干部的整体素质。要突出抓好村干部的政策学习教育，大力加强对村干部民主法制意识的教育，提升其民主管理能力，使他们认识到依法办事的重要性，认识到开展村务公开、民主管理工作的重要性和紧迫性，从而不断提高发展农村民主政治的能力。

（三）拓展资金来源，提高财政保障能力

和美乡村建设离不开强大的资金支持，而资金问题必须有强有力的保障机制。在和美乡村建设过程中，只靠政府财政资金是远远不够的，必须建立财政资金以支持农村基础设施、养老医疗教育等公益性资金需求为主，商业银行、农村合作金融机构以支持农村生产和发展的资金需求为主。同时，以民间资金和引进外资为补充的多渠道、分工明确的融资供给体制，并在此基础上，加强财政监督，提高和美乡村建设的财政保障能力。

1. 加大政府投入

加大对农村公益性文化事业的投入水平，将公益性文化设施建设费用列入政府的建设计划和财政预算，设立农村公益性文化事业建设专项资金，保证农村重点公益性文化事业建设项目和设施的经费需求。加强和巩固农村文化阵地建设，坚持以政府为主导、以乡镇为依托、以村为重点，进一步加强和美乡村公共文化设施建设，发挥政府对农村文化设施建设扶持奖补政策的引导、激励作用。同时，大力发展农民普遍受益的各种文化设施，以农民需求为导向，尤其是要普及网络、电视、广播等多种现代化的基础设施，以满足现代农民求知、求美的文化需求。

加大对基础设施的投入力度，要明确和美乡村建设过程中的重点建设项目，如重点支持农村重大水利骨干工程建设，支持农田水利、防病改水工程，不断提高农业防御自然灾害的能力，改善农业生产条件。同时还要加强农村中小型基础设施建设，例如同农民生产和生活直接相关的农村道路、水利、能源等中小型基础设施。今后要把国家基本建设的重点转向农村，特别是要大幅度增加以改善农民基本生产生活条件为重点的农村中小型公共基础设施建设的投入，改善农民生活条件。

加大对农村社会保障的投入力度，健全符合农村实际的社会救助和社会保障体系，建立符合农村实际的社会救助和社会保障体系，既是加强以改善民生为重点的社会建设的必然要求，更是解除农民后顾之忧、建设社会主义新农村的迫切需要。需要进一步完善农村最低生活保障制度，不断扩大其覆盖面，将符合条件的农村贫困家庭全部纳入低保范围。同时，中央和地方各级财政要逐步增加农村低保补助资金，提高保障标准和补助水平，继续落实农村五保供养政策，保障五保供养对象权益，完善农村困难群众生活补助、灾民补助等农村社会救济体系。积极探索建立与农村经济发展水平相适应、与其他保障措施相配套的农村社会养老保险制度，并逐步提高社会化养老的水平。

2. 鼓励多方参与

建立多渠道、多途径筹措和美乡村建设资金的农村投资体系。除政府投入外，采取鼓励和优惠措施，吸引企业资金、私人资本、外资等以多种形式投到农业、农村建设事业上来。优化社会资金特别是民间投资的发展环境，合理引导社会资金的广泛参与，也是和美乡村建设投资保障的重要内容之一。

在和美乡村建设中，在充分发挥政府投资的先导作用的同时，政府要加强对民间投资的产业引导，向民间投资开放全部的农村市场，并采取一定措施加以鼓励和支持，使民间投资投入到农业和农村，促进农村的经济发展和社会进步。按照"谁投资、谁决策、谁受益、谁承担风险"的原则，真正建立起市场型农村投融资体制，使民间投资成为真正意义上的投资与决策主体，并通过市场机制来决定投资与撤资，促进社会资源的优化配置；营造良好的投资环境，加大在财税政策、土地使用、信贷资金等方面的支持力度，鼓励和引导民间投资。只有这样，才能形成和美乡村建设中以政府为主导的多元化投融资格局和模式，有效推进各项工作。

（1）优化民间投资环境

各级地方政府要积极贯彻落实党的精神和国家的法律政策，出台相关的配套政策，引导和规范民间投资行为，为民间投资创造良好的外部环境。一是要明确发展规划思路。二是要根据产业结构调整方向，制定重点开发项目。三是要出台确实倾向于民间投资的发展政策。四是要对各种优惠政策做好落实，在税收方面要以产业导向为标准，对民营经济一视同仁，解决好民间投资所需用地，对列入重点工程项目的要保证征地指标，相关部门要进一步简化对民营企业投资的审批程序，优化营商环境，提高服务质量。

（2）加强信息平台建设

信息平台建设包括加快建立相应的政策信息、技术信息、市场信息在内的投资信息网络和发布渠道，收集整理、分析研究与民间投资有关的信息并定期发布。当前特别要设立为民间投资服务的信息服务中心、技术创新中心、投资咨询中心等机构，专门从事民间投资项目可行性研究、开发新产品及社会公共协调等配套服务。

（3）大力扶持民营企业

民营经济是市场中最富活力、最具潜力、最有创造力的力量，是繁荣农村经济的重要力量，反哺农业和支援和美乡村建设是农村民营企业应该承担的社会责任。推动微型企业和个体工商户的大力发展，要坚持非禁即入，不拘形式、不限规模、不论身份，全面放开、放宽、放活民营资本投资兴办市场主体，努力激发创业活力。一是要全面激发创业热情。充分发挥职能优势，依托相关机构，加强政策引导和宣传发动，扩大微型企业和个体工商户发展工作的覆盖面和影响力。二是要放宽经营条件。着力解决微型企业和个体工商户在市场准入中遇到的启动资金不足、经营场所证明难办、前置许可耗时较长等问题。三是要加强创业扶持。落实好财政补助、税收返还、融资贷款等微型企业扶持政策，强化创业培训和创业引导。

（4）发展壮大集体经济

农村集体经济在和美乡村建设中具有不可替代的作用。发展壮大农村集体经济既是和美乡村建设的重要任务，也是和美乡村建设的重要条件。鉴于农村集体经济不断萎缩的现实，要加强集体经济组织带头人、能人、专业人才的培养、管理和引导。同时，要推进改革，理顺体制，建立健全新型集体经济组织，大力发展专业合作经济组织，完善治理结构，区分经济组织与社区社会组织（村委会）之间的职能，明确各自的责任，建立相应的配套制度。

（5）发展农村资本市场

通过资本市场筹资，把一部分城市居民手中分散的资金集中起来，汇小成大，直接转化为发展农业的资本，这是我国农业产业发展的一种有效途径。据相关专家调查分析，利用资本市场将一部分市民引入农业领域，用城市居民资金来发展农业的前景是不可低估的。

（6）建立资金回流机制

农村资金原本不足，每年还源源不断地流向城市。应采取有力措施，防止农村资金外流，以保证和美乡村建设有足够的资金供给。一是要为抑制农村信贷资金外流提供制度性保证。我国应借鉴国际经验，制定社区再投资法或修改现行商业银行法，明确规定在县域内设立经营网点的商业银行应承担的信贷支农责任和义务，县域金融机构必须将吸收自本县内的一定比例的存款用于在当地发放贷款，这包括全国性金融机构的县支行和农信社。二是要合理利用经济手段和行政手段引导农村资金高效率地转化为农村投资，可以采用税收优惠和财政资金补偿金融机构贷款风险的措施引导资金回流农村。

（7）扩大利用外资规模

利用国外贷款不单纯是国外资金的引入，同时也是对国外先进科技成果、人才智力和先进管理模式等先进生产力的引入。一是要增加农业利用外资的规模。我国农业一直是贷款国或国际金融机构愿意优先安排贷款的领域，同时也是国家重点支持的领域。但近几年来，用于农业的国外贷款的占比很少。应继续按照有关文件精神，进一步明确国外贷款中可能用于农业生产、基础设施建设和农用工业的比重，以确实保证农业利用国外贷款的总量。二是要给予政策性支持。建议国家和地方政府真正将农业利用国外贷款纳入国家总体资金利用计划，尽快实现内外资的统一，同时对农业使用国外贷款给予一定的贴息，延长还款期限，转贷不增加利差，并积极寻找国外赠款。三是要调整农业利用国外贷款投资重点，加大对农业科技的投入，提高项目的科技含量。积极扶持农业综合企业，提高外资利用质量。

3. 加强财政监督

和美乡村建设是一个庞大的系统工程，谋定而后动，则事半而功倍，因此科学编制和美乡村建设规划并完善配套监督机制十分重要。财政支农资金具有投放规模大、持续时间长、不可控因素多等特点，在资金使用过程中管理难度大，资金流失机会也比较多。因此，在当前和美乡村建设过程中，如何建立有效的财政支出监督机制是当务之急。和美乡村建设中财政支出监督的目标是认真贯彻严格执行财政支农资金预算，遏制其运用过程中效率低下、浪费严重等不良现象，促进国家财政资源配置与使用效率的提高。

（1）整合支农资金

一是要理顺投资体系，合理统一安排投资项目。财政安排的支农资金要发挥财政部门的牵头、协调和管理职能，同时明确其他主管部门的职能。二是要利用好县级这个平台做好整合工作，现阶段因为各项支农资金最终都要落实到县里，所以把这个平台建设好才能起到效果。三是要通过制订农业发展规划引导支农资金整合，各级制订的规划都要按程序进行评审并报批准后确定下来，作为各级各部门安排资金的重要依据。四是要实施项目管理，以主导产业和项目、优势产业和特色产品为依托打造支农资金整合的平台，集中各方面的资金到项目组内，通过项目的实施带动支农资金的集中使用。五是要建立协调机制，成立由政府主要领导担任负责人的支农资金整合协调领导小组，形成在同一项目区内资金的统一、协调、互补和各有关部门按职责分口管理的"统分"结合的工作联系制度。在支农专项资金使用方面做到专款专用，对综合考核评审较好的单位，在今后的项目申报和资金安排上给予优先考虑；同时财政支出绩效评价从以往的事后评价过渡到事前评价与事后评价相结合，其评价的终极目标是考核政府提供的公共产品和公共服务的数量和质量。

（2）改进审计监督的方式和方法

在财政支出监督方式上，要改变以往事后集中审计的方法，不断加强日常审计监督，实现全方位、多层次、多环节的监督，使日常审计贯穿到整个财政活动。同时要做到审计前不留漏洞、审计之中的监控不留死角、审计之后的处理不留情面，形成环节审计与过程监控并举、专项稽查与日常监控并行的财政审计监督检查新格局。还要认识到网络及新闻媒体的重要性，充分运用网络及新闻媒体做到及时公开，强化媒体的监督；要尽快建立涵盖整个财政收支管理的财政监督法制体系，加快财政支出监督的法制化进程。不断加强对财政监督工作和法规的宣传，并加大财政监督执法和处罚力度，以保障财政监督工作的顺利开展。

（四）加强学科协作，提高技术保障能力

和美乡村建设需要有现代化的科技支撑，通过跨学科协作，推进农业科技创新与推广，重视农业科技成果转化及加强农民意识和技能培训，提高现代化农业技术保障能力，带动农民致富，促进农业发展。

1. 推进农业技术推广

基层农技推广体系是实施科教兴农战略的重要载体，是推动农业科技进步的重要力量，是建设现代农业的重要依托。加快推进农业科技创新与推广，大力推动农业科技跨越发展，对于促进农业增产、农民增收、农村繁荣、和美乡村建设具有深远意义。现阶段推进农业科技创新与推广，要力争实现五个新突破：一是加快农业科技创新，尤其是种植业创新有新突破。二是加快农技推广体系建设，尤其是健全基层农业公共服务机构有新突破。三是加快改善农业科技工作条件，尤其是乡镇农技站条件建设有新突破。四是加快先进实用农业技术推广，尤其是农业防灾减灾、稳产增产重大实用技术普及应用有新突破。五是加快农业人才培育，尤其是农村实用人才培养有新突破。

为进一步加强农业技术推广工作，着力构建农业技术推广体系，近年来，农业农村部不断加强基层农技推广机构建设，积极引导农业科研教学单位参与公益性农技推广，大力发展经营性推广服务组织，加快构建以国家农技推广机构为主导，农业科研教育单位、农民合作社、涉农企业等广泛参与的"一主多元"农业技术推广体系。近年来，农业农村部持续推进农技推广体系"一个衔接、两个覆盖"政策的落实，通过组织实施基层农技推广体系改革与建设补助专项，中央财政每年下达专项资金用于基层农技推广补助项目，并开展项目绩效考评，建立考核结果与项目经费分配挂钩机制，提高项目实施效果，组织实施乡镇农技推广机构条件建设项目。

2. 重视科技成果转化

科学技术是第一生产力，发展现代农业必须加速农业科技成果转化。要继续安排农业科技成果转化资金和国外先进农业技术引进资金。积极探索农业科技成果进村入户的有效机制和办法，形成以技术指导员为纽带，以示范户为核心，连接周边农户的技术传播网络。发展现代农业，加速农业科技成果转化是关键。一是要根据本地实际情况，选择适合于本地区自然条件的农业科技成果，积极推动其尽快应用到农业生产中去。二是要在保证农民收入的基础上促进农业科技成果转化。由于诸多条件的制约，我国农业生产条件及其品种仍保留数千年的遗迹，尤其是长期以来科学技术研究与生产实际脱节，科研成果进入不到生产领域，加之广大农民对农业科研成果知之甚少，将科学技术研究成果转化成生产成果的内在动力不足，甚至对农业科技成果持有怀疑态度。为此，推广应用科技成果必须认真测算农民原有种植品种所能获得的利益，以此为基数，和农民签订技术推进合同，用财政资金保证农业科学技术成果的有效推广应用，保障农民利益，充分调动农民推广应用农业科技成果的积极性，形成农业科技成果转化为生产成果的有效机制，切实推进现代农业的发展。三是要改革农业科技成果的鉴定考核机制，既要重视实验室的科研成果，更要重视推广到生产领域的生产成效，财政资金要更多地支持农业科技工作者和广大农民紧密结合，加速农技成果转化，从而促使农业科技工作者从单纯重视实验室研究成果转向实验室成果和生产成果并重，把农业科技工作者的目标转到生产成果上来，促使农业科技成果走出实验室，进入生产领域，形成生产效益。四是要加大财政资金对农业科技成果宣传的投入，要让农业科技成果走出实验室，进入农民中间，进入市场中，增强农民运用科研成果的信心，提高农民推广应用农业科技成果的主动性。

3. 加强农民技能培训

（1）转变农民观念，提高农民综合素质

农民的理念及素质同和美乡村建设的要求之间还存在一定差距，理念落后阻碍了我国农民素质的整体提高。从培养新形势下农民的层面出发，需要关注农民的思想观念与民主法制意识水平的不断提高。通过采用多种形式的农村文化建设，树立起农民在技能培训方面的文化氛围，调动农民在技能培训方面参与的主动性与积极性。通过组织"三下乡""和美乡村行"活动将科普知识带到农民的田间地头，同时也把"药箱"送到偏远山村，能够有效地普及科技文化知识，提高农民技能。组织科技文化卫生活动，把"三下乡""和美乡村行"活动同落实党和国家各项农业发展政策有效结合起来，与我国农业产业结构调整及提升农民收入紧密结合。在该活动过程中，应广泛听取农民的意见与建议，从区域实际情况出发，针对农民的需要，不断调整不同地区活动的内容和形式、时间和方式，将农民真正需要的服务送下乡，使下乡活动成为提高我国农民观念及道德素质的主要教育方式之一。

（2）构建农民技能培训的新机制

农民技能培训是一项惠及农民、高校、企业乃至全社会的事业。因此，政府相关部门应该加大投入和工作力度。当前我国经济已经进入工业反哺农业、城市支持农村的社会发展阶段，按照健全公共财政体制的方向，政府要逐步加大公共财政支持返乡农民工培训的力度，建立稳定增长的投入机制。同时，要整合各种类型的培训资源，加强培训管理。各级政府应成立专门的农民培训工作领导机构，具体负责统领农民工的培训工作，建立多层次技能培训体系。鼓励不同类型主体积极参与培训，创造良好的环境，促进不同类型培训主体之间的竞争，强化市场对培训机构的选择作用和对培训质量的检验作用。

（3）坚持市场导向，创新农民技能培训模式

技能培训工作要与市场接轨，要满足社会的需求，提高培训的效率和质量。一方面要从单纯的实用技术培训转向农民素质的全面提高，如增加语言交流能力培训，守法与职业道德培训，纪律与时间、效率观念培训，自我保护意识培训，从业能力培训，创业能力培训，以及劳动工资、社会保障等方面政策法规知识的普及培训等。另一方面要从单纯的实用技术培训转向多种意识的全面提高，如注意对农民经营管理知识、市场意识、生态意识及农产品深加工等方面技术与内容的教育，培养出一批经营管理型、市场营销型、技术中介型的新型农民，使技术成果的转化过程更为顺畅。

（4）建立以政府为主导的多渠道资金筹措机制

农民技能教育培训的一个关键问题是经费保障，经费短缺将严重影响农民技能培训体系的运行。应建立以政府财政为主导，企业、社会、个人等多方参与的资金保障体系。从农民技能培训的实际需求出发，不断完善中央财政转移支付制度。各级政府必须在农民技能培训体系中建立固定的资金保障制度，作为重要的资金来源的政府财政应安排专项经费投入，将中央财政和地方财政统筹安排，并根据不同区域的农业经济发展水平与区域的财政实际情况采取不同的农民技能培训出资方式。通过中央财政转移支付制度的不断完善来确保我国农民技能培训资金来源的稳定性。通过确立农民技能培训资金的转移支付预算体制，规定各个不同区域的农民技能培训的投入标准，完善与农民技能培训相关的转移支付监督管理模式，确保在农民技能培训工作中转移支付资金规范化。确立跨区域的农民技能培训资金的合作机制，实现东西和中部不同区域间的农民技能培训资金的合理调配，加大不同区域政府在农民技能培训工作方面的合作力度，有效地实现农民技能培训资源的互补共享。

弘扬丰富多彩的地域文化

和美乡村建设过程中要大力推进农村精神文明建设，突出乡村文化特色，弘扬和传承丰富多彩的地域文化。

一、挖掘传统文化习俗

中华优秀传统文化中包含着极富魅力、丰富多彩的民俗文化。挖掘和整理民俗文化，深入研究其形成、更新和发展变化，弘扬其健康向上的内涵，是和美乡村建设的一个重要任务。在和美乡村建设过程中，一定要抓住机遇，自觉肩负起时代赋予的职责和使命，积极参与民俗文化的抢救工作，通过挖掘、搜集、整理、传承和开发民俗文化，搭建群众性文化交流大舞台，弘扬优秀传统民俗文化，发展繁荣社会主义先进文化，丰富群众文化生活。围绕民间民俗文化主题，坚持"普查、宣传、保护、传承"八字方针，在挖掘上下功夫，在传承上做文章，在弘扬上出实招，大力推进民间民俗文化的繁荣与发展。

（一）注重普查

保护抢救民俗文化，通过县、乡、村三级联动，抽调业务技术骨干，深入各乡镇、各行政村和自然村，开展野外普查整理，加以详细登记备案，为研究和探索民俗文化提供更多的佐证和依据。在广泛深入普查的基础上，认真分析各项民俗文化资源的内在价值、涉危情况，有针对性地提出保护措施，运用文字、录音、录像、数字化多媒体等手段，进行真实全面的记录。

（二）注重宣传

编制一批民俗文化资料，全面挖掘整理民俗文化精髓和民俗典故，丰富和发展一些品牌。申报一批非物质文化遗产。在集中开展"非遗"申报培训的基础上，根据推荐和排查，挖掘、整理出一批"非遗"预选项目，组织精干人员进行系统包装和整理，争取申报一批省级、市级"非遗"项目。

（三）注重研究

各地应当根据实际情况积极开展科研工作，深入挖掘民俗文化的内在机理、文化内涵与传播方式等。

（四）注重传承

弘扬一批民间民俗文化，加强人才培养和阵地建设，做好民间艺术文化传承。在队伍建设上，一方面，大力加强民间民俗艺人保护工作，访问、查找、挖掘民间艺人，确保民间艺人的待遇，确保民俗文化艺术"香火"不灭。另一方面，积极培养民俗文化传人，建立民俗文化培训基地，定期开设民俗文化辅导班，以文本教学和口传身授相结合的方式，培养不同文化层次的民俗文化爱好者。加强各类阵地建设，以文化站、文化活动中心、老年活动中心等群众文化活动阵地为载体，经常开展各种文化活动，确保各村的民俗人才有展示自我的舞台。着眼于促进民间民俗资源的传承与发展，展示民间民俗文化的精华与精品，组织专业人员对民间民俗资源进行抢救性保护。

（五）注重弘扬

积极扶持引导，开发利用民俗文化。通过搭建群众文化展示舞台，吸引更多的人参与其中。同时制定规范标准，出台扶持保护措施，划拨专项资金，确保民俗文化传承的经费保障。

在和美乡村建设过程中，要以高度的文化自觉和文化自信，发掘文化村落中凝结的耕读文化、民俗文化、宗族文化，让优秀的传统文化在与现代文明的交流交融中，不断继承创新、发扬光大。

二、发展特色文化产业

在和美乡村建设过程中，为了保护好当地的特色文化产业，需要通过特色文化带动工程的实施，使基层村居的文化传承得以延续、文化氛围得到提升。尤其是对于历史文化底蕴深厚的古村落，应着力保护它的历史文化底蕴，以特色文化带动村居发展。

在充分发掘和保护古村落、古民居、古建筑、古树名木和民俗文化等历史文化遗迹遗存的基础上，优化美化村庄人居环境，把历史文化底蕴深厚的传统村落培育成传统文明和现代文明有机结合的特色文化村。特别是要挖掘传统农耕文化、山水文化、人居文化中丰富的生态思想，把特色文化村打造成为弘扬农村生态文化的重要基地，并编制农村特色文化村落保护规划，制定保护政策。

农村文化产业的发展和壮大，是社会主义新农村建设的题中之义，是发展农村文化生产力的现实命题。新农村建设应抓住国家加速发展文化产业的战略机遇，积极推动农村文化走上产业化道路，把发展农村文化产业当作解决"三农"问题的一个突破口来抓。只要破题了，农村文化产业化将会改变传统第一产业的经营观念和产业格局，扩展农民职业内涵，农民不仅可以耕田种地，而且可以从事文化旅游、文化服务、民间工艺品加工、民俗风情表演等第三产业，这不仅可以丰富农村文化生活、提高农民素质，而且将会推动社会主义新农村及和谐社会的全面发展。

农村文化产业要立足市场、走进消费，面临着多样化的路径选择。一是可以通过特色农村文化旅游来推出文化产品，吸引城市和其他各类游客前来感受农村独有的、淳朴的生活风味。二是可以通过体验农村生产经济，来多样化展现农村文化的参与互动魅力，将农村生产、生活、民俗、农舍、休闲、养生、田野等系统连接，打造农村文化产业链条。三是开发农村土特名优工艺品，组织农民进行特色文化产品加工生产和经营。四是组织农村歌舞、农村竞技、农村风情、农村婚俗、农村观光、农村耕织、农村喂养等表演和竞赛活动，提供具有浓郁乡土气息的文化服务。五是开展农村休闲娱乐、地方风味餐饮、感受农村生活等活动，为旅游者提供居家式服务和自助式生活服务。六是开展农村文化历史文化展览，生动系统地反映农耕文化、游牧文化、渔猎文化的特色和历史，开辟针对中小学学生的农村文化教育基地等。

这些经营方式仅是农村文化产业的基本模式，在实践过程中应鼓励和支持农村文化产业创新运营。

三、开展丰富多彩的文体活动

随着和美乡村建设工作的推进，农村生活条件日益改善，群众对丰富精神文化生活的需求日益增长，广大农民日益增长的文化体育需求与文化体育场地、设施短缺的矛盾也日益凸显出来。文体活动开展得好的地方，人们的精神面貌、社会风气能够有较大改观，农民的健康水平、文化素质能够有较大提高，且能够促使移风易俗、文明风尚在农村蔚然成风。改变农村文体生活相对不足的局面，必须突出农民群众的主体地位，扩大文体活动的村民参与面，努力做好以下几个方面的工作。

一是要按照以乡镇文化中心为龙头、以村俱乐部为主线、以文化中心户为基石的农村文体建设思路，突出重点，兼顾全面，加强阵地建设的整体规划。二是要重点抓好乡镇文化站的建设，因势利导，建设适合农民文化生活需求的文化阵地。三是要抓好村文化中心户培育，打造一支属于农民自己的文体骨干队伍。在实施规划的过程中，要按照农民的需求，围绕中心村建设，加强公共文体服务体系建设，在改变农村自然村落多、居住分散的现象的同时，建设好图书室、农民公园等文体活动场所。

（一）广泛开辟筹资渠道

建议形成政府投入一点、乡镇补充一点和农村自筹一点的筹资渠道，逐年增加对文体阵地建设的整体投入。研究出台相关政策，形成农村文体阵地建设专项资金，规定投入比例，确保足额到位。完善公益文体社会办的机制，积极引导社会力量捐助农村文体事业。建立相关部门、企业帮助支持农村文体的制度，并将其纳入公益性捐赠范围。同时，尽量让相关部门、企业能够取得一些社会效益，增加他们对农村文体阵地建设投资的积极性。

（二）不断丰富阵地类型

农村地域广、人口多，农民的生产生活、村风民俗等情况各不相同，这就要求建设不同类型的文化阵地，满足各地农民的要求。可以按照农业生产特点来建立流动性的阵地，选农民需要的科技人员到农民需要的地方讲农民需要的知识。针对农村富余劳动力，借助职业技术培训机构与企业承包的优势，建立固定的阵地，来开展针对此类农民的文体活动和教育。

（三）大力培养文体人才

通过保护一批、巩固一批、培养一批、挖掘一批的方式，逐步壮大农村文体人才队伍。要保护好现有的文体人才，特别是带有地方特色、民俗特色的文体人才。在稳定现有文体队伍的同时，抓好典型示范和带动。此外，乡镇文化站要积极挖掘农民的潜力，发现和培育热心开展文体活动、热衷于文体技艺学习与实践的农民，并为他们提供培训、提高、展示、交流的机会，建设一支有实力的村文体兼职队伍。

四、加强地域文化宣传

地域文化专指我国特定区域内源远流长、独具特色、传承至今，且仍发挥作用的文化传统。

地域文化是特定区域的生态、民俗、传统、习惯等文明表现，在一定的地域范围内与环境相融合，因而打上了地域的烙印，具有独特性。地域文化的发展是地域经济社会发展不可忽视的重要组成部分，中华大地上各具特色的地域文化已经成为地域经济社会全面发展不可或缺的重要推动力量。地域文化一方面为地域经济社会发展提供精神动力、智力支持和文化氛围，另一方面通过与地域经济社会的相互融合，产生巨大的经济效益和社会效益，直接推动社会生产力发展。伴随着知识经济的兴起和经济社会一体化进程的不断加快，地域文化已经成为增强地域经济竞争能力和推动社会快速发展的重要力量。

（一）加大对文化的财政投入力度，改善现有的配套设施

加快县、乡、村文化基础设施建设，要做好以下两方面工作：一是要实现农家书屋（职工书屋、休闲书屋、校园书屋、美丽家庭书屋）全覆盖；二是要加大图书分馆建设力度。

（二）建设农村文化阵地，有效利用现有文化资源

一是要建设具备群众业余文艺演出、体育活动、电影放映、广播电视"村村通""户户通"等综合功能的农村文化阵地，有效利用现有文化资源。二是要突出文化精品观光带建设。以建设和美乡村精品观光带为主线，把农家书屋、乡村剧院、乡村舞台、地域文化展示馆纳入观光带建设，进一步丰富和美乡村精品带的文化气息。

（三）强化宣传人才的培养选拔，加大对民族文化的开发和保护

强化对少数民族地区宣传人才的培养选拔，重点关注民族宣传干部和有志于民族文化繁荣的社会各界人士，着力加大对民族文化的开发和保护，增强民族文化的认同感和自豪感。

（四）利用现代传媒，加大地域文化的宣传力度

随着信息技术的快速发展，以互联网、卫星电视、有线电视为代表的现代传媒改变了公众获得信息的途径。并且现代传媒具有宣传目标的多元化、传播过程的双向性和互动性、传媒资源的丰富化、传播受众的广泛性、信息传播的全球化等特点，加大了地域文化的宣传力度。

五、和美乡村建设的评估

为了能够明确建设内容和建设目标、科学监测和评价建设进程、指导和规范建设工作、做好和美乡村建设的考核工作，建立一套能够反映和美乡村建设情况的指标体系并制定相应的评价标准很有必要，这对于推动和美乡村建设具有十分重要的意义。和美乡村建设评估体系一般包含以下内容：评定项目立项时各项预期目标的实现程度；对项目原定决策目标的正确性、合理性和实践性进行分析评价。

（一）科学评估方法的运用

1. 参与式评估

参与式乡村评估（PRA）包括项目执行过程中的制订发展规划、项目具体实施检测及评估等各个环节。PRA 的工作者应该在项目规划和项目执行的阶段进行目标群体分析，利用社区图、资源图、因果关系图、矩阵评分、深入访谈、村民大会等 PRA 工具收集数据，了解目标群体的需要和现有能力，开展项目培训，为村民的参与创造一种良好的机制。在 PRA 过程中，"参与角色"一般有三种：一是政府部门（含职能部门、官员和职员），其角色是协助者，是助手；二是外来专家、科技人员，主要是参与调查、规划、监测评估，以协助者的身份参与项目；三是村民，是项目的参与主体，应积极主动、自始至终地参与并在其中受益。

2. 李克特量表

农民对和美乡村建设的态度和积极性是反映和美乡村建设情况的重要指标。因此，部分指标的评价值是半定量化的。针对这些因子设计调查表，对指标的评分采用李克特量表法（5 级量表，赋值为：很差 = 1、较差 = 2、一般 = 3、好 = 4、很好 = 5）。李克特量表由一套态度对象构成，每一个对象都有同等五种态度数值，受访者根据自己的态度意见进行打分，可以得出调查者对评价对象的总体态度，也可以得出调查者对某一子系统的态度及对每个单项的态度。

（二）完善指标体系的构建

依据农业农村部和美乡村创建目标体系试行办法，制定和美乡村建设的目标：按照生产、生活、生态和谐发展的要求，坚持"科学规划、目标引导、试点先行、注重实效"的原则，以政策、人才、科技、组织为支撑，以发展农业生产、改善人居环境、传承生态文化、培育文明新风为途径，构建与资源环境相协调的农村生产生活方式，

打造"生态宜居、生产高效、生活美好、人文和谐"的示范典型，形成各具特色的和美乡村发展模式，进一步丰富和提升新农村建设内涵，全面推进现代农业发展、生态文明建设和农村社会管理。

和美乡村建设的指标体系在构建过程中应该结合和美乡村创建目标体系的试行办法，围绕目标，评价成败。

1. 指标筛选原则

和美乡村建设是一个兼具政治、经济、文化、科教、卫生、社会保障、生态环境、人民生活等各个方面的系统性工作，因此对其进行评价并不是一个或几个指标所能反映和涵盖的，而是需要建立一套全面、科学的指标体系。借鉴已有的和美乡村评估指标，和美乡村建设的评估指标应该遵循以下六个原则。

（1）系统性原则

首先，和美乡村是一个综合性的概念，系统的各个方面相互联系构成一个有机整体，因此在构建和美乡村评价体系时，需要把和美乡村作为一个系统来分析。评价指标体系应该是一个综合的、多层次、全方位的指标体系，既涉及表征和美乡村建设各个方面的指标，又要考虑到实现这些指标的基本措施。因而在建立指标体系的过程中，应重点抓住全面建设社会主义新农村的内涵，将经济发展状况与社会发展状况综合考虑。

其次，各指标之间既存在一定的内在联系，又有一定的区别。把这些反映和美乡村建设水平的不同指标进行分类，形成多个子系统，再把这些子系统结合在一起，便构成了和美乡村建设的整体系统。

（2）层次性原则

这是系统性原则的延续，保证一级指标和次级指标不会出现在同一级系统中。和美乡村的评价系统可分为三个层次：一是总目标层，即和美乡村建设水平；二是子系统层，包括生产、生活、文明、村容、管理五个要素；三是子系统要素层下的具体指标层。

（3）可行性原则

指标体系的设计，要考虑到指标的可选取性，资料可取得、易搜集。同时，指标体系的综合评价要考虑成本效益原则，尽可能简便易行，这样在实际工作中才具有可操作性。此外，评价指标体系要宽泛而具体，但不必面面俱到，要保证数据（指标值）收集加工处理的有效性与代表性。

（4）可比性原则

我国幅员辽阔，不同地区的农村生产力发展水平和社会进步状况不同，这就要求我们在设计评价体系的时候要考虑这种区别。只有考虑到差异，构建的评价体系才具有可操作性和适应性，而制定的建议和对策也才能有针对性。

由于和美乡村建设指标体系不仅要对某一区域范围内空间地域进行横向比较，还要对区域进行时间序列的纵向比较，所以要求所构建的指标体系应具有可比性，才便于和美乡村指标评价体系的可适用度。

（5）动态性原则

和美乡村作为我国现代化建设进程中的一种农村社会状态，不是孤立存在和静止不动的，这就决定了对和美乡村的评价只有使用动态指标描述才能对其发展做出长期的动态评价。这就需要指标体系具有动态性，能综合反映社会现状和发展趋势。因此，在确立各项评价指标时，既要能综合地反映出比原有水平的明显进步与全面发展，又要保证与现代化目标的衔接性和连贯性，用发展的眼光看待问题，使之成为一个动态评价系统，从而更好地引导群众积极投身于和美乡村建设中。

（6）导向性原则

对和美乡村进行评价的目的，不单单在于评价目前各地和美乡村建设是否"达标"、"达标"程度的高低，更主要的还在于"引导、帮助被评价对象实现其战略目标及检验其战略目标实现的程度"。

导向性原则还要求在指标体系中突出重点。建设和美乡村作为一个社会历史范畴，是以一定的社会物质条件为基础的，是社会生产力发展的必然结果。在选取评价指标及权数确定时，必须把统筹城乡经济发展、发展农村生产力、增加农民收入作为重点，以尽量体现生产力标准和科学发展观要求。

2. 指标体系构建

执行力评估指标应主要以和美乡村创建目标体系为主要框架，以和美乡村建设规划时的主要任务或标准为主，通过阶段性评估各个任务或指标的完成情况，作为完成情况评估的核心部分。

新农村建设的效益评价是和美乡村建设评价中的重要借鉴，参考新农村建设项目的后效性评估方法和程序，完成和美乡村建设的执行力评估。

和美乡村建设涵盖了农村政治、经济、文化、社会等诸多方面的系统，因此其建设评价的指标体系也应是多层次、多因素的。其体系结构是以新农村建设的科学内涵为基础、按照系统科学而确定的。指标体系由一组相互关联、具有层次结构的子系统组成，子系统的确定决定了指标体系的结构框架。根据对和美乡村建设内涵、目标、任务的理解，在借鉴其他一些相关文献和已开展的和美乡村评价工作的基础上，构建了四个层次的指标体系。

第一层次：和美乡村建设成败评价（总目标）。

第二层次：产业发展、生活舒适、民生和谐、文化传承、支撑保障。

第三层次：①产业形态、生产方式、资源利用、经营服务；②经济宽裕、生活环境、居住条件、综合服务；③权益维护、安全保障、基础教育、医疗养老；④乡风民俗、农耕文化、文体活动、乡村休闲；⑤规划编制、组织建设、科技支撑、职业培训。

第四层次：各子系统下设立的具体指标。

（1）产业发展

①产业形态

和美乡村建设的最终目标应达到主导产业明晰、产业集中度高、每个乡村有一到两个主导产业。当地农民（不含外出务工人员）从主导产业中获得的收入占总收入的80%以上，形成从生产、储运、加工到流通的产业链条并逐步拓展延伸。产业发展和农民收入增速在本县域处于领先水平。注重培育和推广"三品一标"，无农产品质量安全事故。

②生产方式

按照"增产增效并重、良种良法配套、农机农艺结合、生产生态协调"的要求，实现农业基础设施配套完善，标准化生产技术普及率达到90%，适宜机械化操作地区（或产业）的机械化综合作业率达到90%以上。

③资源利用

资源利用集约高效，农业废弃物循环利用，土地产出率、农业水资源利用率、农药化肥利用率和农膜回收率高于本县域平均水平。秸秆综合利用率达到95%以上，农业投入品包装回收率达到95%以上，人畜粪便处理利用率达到95%以上，病死畜禽无害化处理率达到100%。

④经营服务

新型农业经营主体逐步成为生产经营活动的骨干力量。新型农业社会化服务体系比较健全，农民合作社、专业服务公司、专业技术协会、农民经纪人、涉农企业等经营性服务组织作用明显。农业生产经营活动所需的政策、农资、科技、金融、市场信息等服务到位。

（2）生活舒适

①经济宽裕

集体经济条件良好，一村一品或一镇一业发展良好，农民收入水平在本县域内高于平均水平，改善生产、生活的愿望强烈且具备一定的投入能力。

②生活环境

农村公共基础设施完善、布局合理、功能配套，乡村景观设计科学，村容村貌整洁有序，河塘沟渠得到综合治理；生产生活实现分区，道路全部硬化；人畜饮水设施完善、安全达标；生活垃圾、污水处理利用设施完善，处理利用率达到95%以上。

③居住条件

住宅美观舒适，大力推广应用农村节能建筑；清洁能源普及，农村沼气、太阳能、小风电、微水电等可再生能源在适宜地区得到普遍推广应用；省柴节煤炉灶炕等生活节能产品广泛使用；环境卫生设施配套，改厨、改厕全面完成。

④综合服务

交通出行便利快捷，商业服务能满足日常生活需要，水、电、气和通信等生活服务设施齐全，维护到位，村民满意度高。

（3）民生和谐

①权益维护

创新集体经济有效发展形式，增强集体经济组织实力和服务能力，保障农民土地承包经营权、宅基地使用权和集体经济收益分配权等财产性权利。

②安全保障

遵纪守法蔚然成风，社会治安良好有序；无刑事犯罪和群体性事件，无生产和火灾安全隐患，防灾减灾措施到位，居民安全感强。

③基础教育

教育设施齐全，义务教育普及，适龄儿童入学率100%，学前教育能满足需求。

④医疗养老

新型农村合作医疗普及，农村卫生医疗设施健全，基本卫生服务到位；养老保险全覆盖，老弱病残贫等得到妥善救济和安置，农民无后顾之忧。

（4）文化传承

①乡风民俗

民风朴实、文明和谐，崇尚科学，明理诚信、尊老爱幼，勤劳节俭、奉献社会。

②农耕文化

传统建筑、民族服饰、农民艺术、民间传说、农谚民谣、生产生活习俗、农业文化遗产得到有效保护和传承。

③文体活动

文化体育活动经常性开展，有计划、有投入、有组织、有实施，群众参与度高、幸福感强。

④乡村休闲

自然景观和人文景点等旅游资源得到保护性挖掘，民间传统手工艺得到发扬光大，特色饮食得到传承和发展，农家乐等乡村旅游和休闲娱乐得到健康发展。

（5）支撑保障

①规划编制

试点乡村要按照和美乡村创建工作总体要求，在当地政府指导下，根据自身特点和实际需要，编制详细、明确、可行的建设规划，在产业发展、村庄整治、农民素质、文化建设等方面明确相应的目标和措施。

②组织建设

基层组织健全、班子团结、领导有力，基层党组织的战斗堡垒作用和党员先锋模范作用充分发挥。土地承包管理、集体资产管理、农民负担管理、公益事业建设和村务公开、民主选举等制度得到有效落实。

③科技支撑

农业生产、农村生活的新技术、新成果得到广泛应用，公益性农技推广服务到位，村里有农民技术员和科技示范户，农民学科技、用科技的热情高。

④职业培训

新型农民培训全覆盖，培育一批种养大户、家庭农场、农民专业合作社、农业产业化龙头企业等新型农业生产经营主体，农民科学文化素养得到提升。

（三）综合效益分析

在选择可代表和美乡村建设产生的综合效益的因子时，有些是必须选取的，而有些则由于量化困难或其他原因不能或不必选取。为了选出恰当的评价指标，其选取应遵循三个原则：影响是否由和美乡村建设引起，影响是否不重要，影响是否不确定。

乡村美不美，首先要看生态好不好。和美乡村建设评价的重要指标便是对其生态效益的评价。但是，光有生态，经济不发展，农民不富裕，也不是和美乡村。所以，建设和美乡村，要与发展生态农业、乡村旅游业等生态产业协调发展。把强农富民作为和美乡村建设的根本，重点培育林竹加工、花卉苗木等特色主导产业，让产业增收富民有载体。大力发展休闲农业与乡村旅游，将和美乡村创建点打造成乡村旅游景点。立足于保护青山绿水，重点发展生态农业和旅游业。同时，着力发展农家乐旅游，建设一批有一定规模的农家乐旅游点，不仅让生态乡村创建有载体，也实现了经济效益、社会效益与生态效益的兼顾。

和美乡村建设，要变资源为效益，建设工作要围绕生态、经济和社会效益开展。因此，在和美乡村建设评估中，还应该对其所产生的综合效益进行考量。

1. 生态效益评估

和美乡村建设中相关的生态工程项目可极大地提高乡村生态环境质量，提高生态保护意识，实现和美乡村资源开发与生态环境保护有机结合的目标，优化农村生态环境。

生态环境问题会加快自然灾害的发生频率，降低自然抵御灾害的能力，扩大自然灾害所造成的经济损失。而良好的生态环境可以减少自然灾害发生的可能性，提高抵御自然灾害的能力。良好的环境不仅为人类提供了各种丰富的资源，也为人类提供了舒适的生存空间。良好的生态环境对人类生活的影响是多方面的：首先，良好的生态环境不会有这样或那样的污染因子，有益于人的身体健康。其次，良好的生态环境会使人感到舒适、轻松，不会感到压抑和沉闷。另外，优美的环境也是吸引外来投资的一个重要因素。一个良好的投资环境应包括良好的环境质量，良好的环境质量是内引外联、吸引投资、发展经济的重要筹码，应给予高度重视。

2. 经济效益分析

这里以乡村旅游来介绍经济效益分析。借助美丽的山乡风貌发展乡村旅游业，从而获得良好的经济效益。乡村发展旅游，可以把保护生态和发展经济有机结合起来，突出农民创业和农民增收，依靠利用本地的资源优势打造乡村旅游产业，拓展农业的发展功能，使整个农业产业附加值得到最大限度的提升，创新农业产业创新模式，很有推广价值。基于其所具有的独特优势和影响力、吸引力，通过和美乡村建设，会吸引越来越多休闲度假、旅游观光的游客，大大提高系统的综合收入。

乡村旅游的发展对提高社区居民收入、增加就业、调整农村经济结构、改造乡村环境、提高社区居民的相关意识等有积极的引导作用。乡村旅游的发展有助于减少乡村人口的流失，通过提供大量的就业机会，就地吸纳大量闲置劳动力；有助于乡村旅游经济的多元化发展，改变农业生产的单一局面，增强乡村农业经济的纵向、横向延拓，加强农产品的深加工与传统手工艺品商品化，促进旅游产品供应链的本地化，提高乡村旅游发展的乘数效应，改善乡村旅游经济结构；有助于乡村基础设施的优先建设，增强生态环境与旅游资源的保护力度与意识，改善乡村社区的景观环境与居民生活环境；有助于社区居民全面参与社区经济、社会的发展，促进城乡精神文明的交流与更替，进一步促进乡村基层组织的民主化，提升乡村居民的参政意识与民主意识。

3. 社会效益评价

社会效益评价包括生态意识、教育、医疗、服务业等方面。综合来看，通过和美乡村项目实施，可提升农民素质；有效整合项目区内的生态旅游资源，促进当地农户开办农家乐及民居旅馆，促进当地农民扩大就业，增加农民收入。项目建成后，可以有效改善当地的交通、水电等基础设施，加快和美乡村建设步伐，还可以保障乡村文化的传承和发展，进一步提高乡村知名度。

思考题

1. 试述和美乡村规划建设多措并举的方式。

2. 乡镇企业转型的类型及方式有哪些？

3. 村庄环境整治的方法与策略有哪些？

4. 如何健全公平民主的社会机制，实现和谐和美乡村建设？

参考文献

［1］张天柱，李国新．乡村振兴之美丽乡村规划设计案例集［M］．北京：中国建材工业出版社，2018.

［2］熊英伟，刘弘涛，杨剑．乡村规划与设计［M］．南京：东南大学出版社，2017.

［3］张天柱，李国新．美丽乡村规划设计概论与案例分析［M］．北京：中国建材工业出版社，2017.

［4］赵先超，宋丽美．长株潭地区生态乡村规划发展模式与建设关键技术研究［M］．西安：西安交通大学出版社，2017.

［5］鲍亚元．嘉兴美丽乡村建设理论与实践［M］．北京：中国农业大学出版社，2017.

［6］刘利轩．新时期乡村规划与建设研究［M］．北京：中国水利水电出版社，2017.

［7］周霄．乡村旅游发展与规划新论［M］．武汉：华中科技大学出版社，2017.

［8］赵先超，鲁婵．生态乡村规划［M］．北京：中国建材工业出版社，2018.

［9］杨晓光，余建忠，赵华勤．从"千万工程"到"美丽乡村"——浙江省乡村规划的实践与探索［M］．北京：商务印书馆，2018.

［10］顾朝林．新时代乡村规划［M］．北京：科学出版社，2018.

［11］李京生．乡村规划原理［M］．北京：中国建筑工业出版社，2018.

［12］陈前虎．乡村规划与设计［M］．北京：中国建筑工业出版社，2018.

［13］张瑛．诗划乡村：成都乡村规划实践［M］．北京：中国建筑工业出版社，2018.

［14］黄冠君．乡村文化与乡村建筑设计之间的内在关联［J］．工程建设与设计，2019，（2）：7-8.

［15］岳丽，刘大亮．美丽乡村规划设计与乡土文化保护传承［M］．延吉：延边大学出版社，2018.

［16］赵之枫，张建．基于城乡制度变革的乡村规划理论与实践［M］．北京：中国建筑工业出版社，2018.

［17］王晓军．乡村规划新思维［M］．北京：中国建筑工业出版社，2019.

［18］张立．东亚乡村建设与规划［M］．北京：中国建筑工业出版社，2019.

［19］贾克敬．第一届全国乡村规划优秀案例汇编［M］．北京：中国社会出版社，2019.

［20］何苑，邓生菊．和美乡村的规划建设与模式选择——基于甘肃的经验［M］．北京：经济管理出版社，2019.

［21］周游．当代中国乡村规划体系框架建构研究——以广东省为例［M］．南京：东南大学出版社，2020.

［22］陈树龙，毛建光，褚广平．乡村规划与设计［M］．北京：中国建材工业出版社，2020.

［23］何杰，程海帆，王颖．乡村规划概论［M］．武汉：华中科学技术大学出版社，2020.

［24］严少君．文化景观在和美乡村规划中的应用研究［M］．北京：中国林业出版社，2020.

［25］林方喜．乡村景观评价及规划［M］．北京：中国农业科学技术出版社，2020.

［26］刘杰等．乡村旅游规划与开发［M］．北京：经济科学出版社，2020.

［27］张平弟．乡村振兴与规划应用［M］．北京：中国建筑工业出版社，2020.

［28］胡春华．建设宜居宜业和美乡村．人民日报，2022－11－15（006）.